情绪管理:中小学生成长必修课

主　编:张庚华　黄丽平　蒋晓萍　万思雨

顾　问:刘志礼

主　审:曹　英

副主编:吴宏文　熊俊萌　肖军健

　　　　江明金　张　婧　陶巧珍

编　委:(以姓氏首字母先后顺序排名)

　　　　胡紫璇　景德镇陶瓷技师学院

　　　　黄丽平　南昌大学第一附属医院

　　　　黄艳艳　南昌大学第一附属医院

　　　　黄圣斐　南昌大学第一附属医院

　　　　简小霞　南昌大学第一附属医院

　　　　江明金　南昌大学第一附属医院

蒋晓萍　景德镇陶瓷技师学院

李三云　南昌大学第一附属医院

刘志礼　南昌大学第一附属医院

陶巧珍　南昌大学第一附属医院

万思雨　南昌大学第一附属医院

吴宏文　南昌大学第一附属医院

肖军健　南昌大学第一附属医院

熊俊萌　景德镇陶瓷技师学院

徐剑南　南昌大学第一附属医院

张　婧　南昌大学第一附属医院

张庚华　南昌大学第一附属医院

赵　娜　南昌大学第一附属医院

情绪管理

中小学生成长必修课

顾问 刘志礼

主编 张庚华 黄丽平 蒋晓萍 万思雨

江西科学技术出版社

江西·南昌

图书在版编目（CIP）数据

情绪管理：中小学生成长必修课 / 张庚华等主编.
南昌：江西科学技术出版社，2025.8. -- ISBN 978-7
-5390-9602-5
Ⅰ．B842.6-49
中国国家版本馆CIP数据核字第2025U9G115号

情绪管理：中小学生成长必修课	张庚华　黄丽平	主编
QINGXU GUANLI:ZHONGXIAOXUESHENG CHENGZHANG BIXIUKE	蒋晓萍　万思雨	

出版 发行	江西科学技术出版社
社址	南昌市蓼洲街2号附1号
	邮编：330009　电话：（0791）86623491　86639342（传真）
印刷	南昌雅捷广告印务有限公司
经销	全国新华书店
开本	787 mm×1092 mm　1/16
字数	80千字
印张	13.5
版次	2025年8月第1版
印次	2025年8月第1次印刷
书号	ISBN 978-7-5390-9602-5
定价	88.00元

国际互联网（Internet）地址：http://www.jxkjcbs.com　　选题序号：ZK2025096　　赣版权登字 -03-2025-189

责任编辑：范春龙　　装帧设计：刘小萍

版权所有　侵权必究

（赣科版图书凡属印装错误，可向承印厂调换）

前言

让心灵之花在阳光下绽放

在物质生活日益丰富的今天,青少年的心理健康情况受到社会的普遍关注,担忧心理健康问题会如同一道暗流,悄然侵蚀着他们的成长之路。学业压力的提升、人际关系的复杂、网络信息的"爆炸",让个别中小学生陷入情绪的漩涡——焦虑如影随形,孤独无处安放,愤怒难以自控,甚至校园欺凌的阴影也挥之不去。这些问题的背后,是孩子们对情绪管理的茫然无措,是家庭、学校与社会在心理健康教育上的集体缺位。

《情绪管理:中小学生成长必修课》这本书,正是对这一课题的回应。它不仅仅是一本指导手册,更是一座桥梁,连接着科学理论与生活实践,串联起家庭、学校与社会的共同责任。本书以情绪管理为核心,从心理学的底层逻辑出发,结合中国教育实际，为青少年提供了一套系统、实用、可操作的解决方案。在这里，情绪不再是难以驯服的猛兽，而是可以被认知、接纳和引导的生命能量；心理健康不再是简单的口号，而是融入日常生活的具体行动。

本书的编写团队由临床心理学专家、教育学者、科技工作者及一线教师共同组成，他们以深厚的学术积淀和丰富的实践经验，打造出一部兼具专业性与亲和力的情绪管理指南。全书共九章，层层递进，覆盖了从情绪认知到危机干预的全链条。作为本书的主编团队，我们深知：情绪管理教育的终极目标，不是培养"永远快乐"的完美孩子，而是帮助每个孩子学会与真实的世界对话——在喜悦时懂得分享，在愤怒时保持理性，在悲伤时获得力量，在恐惧时勇敢前行。

愿这本书能走进千万家庭、校园与社区，让教育者与被教育者共同成长；愿每一个翻开此书的人，都能收获管理情绪的智慧，让心灵之花在理解与关爱中自由绽放。

本书的出版得到了2024年江西省优秀科普教育基地建设项目的资助，在此表示衷心的感谢。

目录

001 第一章
情绪管理与人际关系

第一节　常见的情绪分类　002

第二节　阴霾笼罩，情绪波动怎么办？　010

第三节　被孤立时如何处理人际关系　017

029 第二章
考前压力与情绪调适

第一节　考前压力的主要表现　031

第二节　辩证看待压力，从容应考　036

049 第三章
对校园欺凌说"不"

第一节　什么是校园欺凌　050

第二节　校园欺凌的主要表现　059

第三节　校园欺凌产生的原因　068

第四节　校园欺凌的应对措施　079

087 第四章
家长如何引导孩子情绪管理

第一节　家长情绪对孩子心理的影响　088

第二节　孩子情绪管理要点　096

107 第五章
校园学生心理干预

第一节　中小学生心理干预测评量表　108

第二节　心理问题发现、上报与干预　117

135 第六章
心理知识篇

第一节　关于抑郁症您应当了解什么　136

第二节　学会在倾诉中释放压力　145

第三节　放下焦虑，别去想你过了的日子　152

第四节　社交焦虑症如何治愈　158

第五节　新晋妈妈正确引导孩子　167

179 第七章
亲子关系工作坊

185 第八章
手机成瘾工作坊

197 第九章
教师职场减压工作坊

第一章 情绪管理与人际关系

第一节 常见的情绪分类

情绪是人对客观事物的态度体验及相应的行为反应，在人们的日常生活中起着重要的作用，影响着人们的认知和决策[1]，情绪作为人类不可或缺的一部分，是个体对外界环境刺激的心理和生理反应的复合体。它是一种主观体验，伴随着一系列生理变化，如心率加快、血压升高、呼吸急促等，以及特定的心理感受，如喜悦、悲伤、愤怒、恐惧等。情绪可以根据不同的特征和理论框架进行多元化分类。例如，从适应功能的角度，情绪可以被划分为积极情绪和消极情绪；从持续时间维度划分，有短暂的情绪波动和持久的情绪状态；从情绪体验的强度来看，有微弱的情绪感受和强烈的情感爆发[2]。以下是一些常见的情绪分类和情绪状态的简要阐述：

（一）基本情绪分类

根据心理学家保罗·艾克曼（Paul Ekman）和罗伯特·普尔曼（Robert Plutchik）等人的研究，情绪可以被分为几种基本情绪，包括愤怒、快乐、悲伤、恐惧、惊讶和厌恶。这些基本情绪被称为原始情绪或核心情绪，它们是人类和动物在进化过程中形成的一种先天反应机制，不受文化、种族或地域的影响，是存在于人类和灵长类动物中的普遍现象。这些情绪是人类天生具备的，并且在跨文化、跨种族的情况下普遍存在。它们是人们在与环境互动过程中为了应对各种挑战而逐渐演化出来的适应性机制。这些基本情绪类别为我们理解人类情感的复杂性和多样性提供了基础，同时也揭示了人类情感深层的本质特征。

愤怒：是一种基本情绪，它通常是由于威胁、不公正或挫折等情况引发的。这种情绪可能导致攻击性行为、紧张、激动和愤怒的表情和动作。

快乐：是一种基本情绪，它通常是由于奖励、成就、满足或爱等情况引发的。这种情绪带有愉悦的感觉、笑声、微笑和积极的表情。

悲伤：是一种基本情绪，它通常是由于失去、悲伤、分离或失望等情况引发的。这种情绪可能导致哭泣、沉默、沮丧和哀伤的表情。

恐惧：是一种基本情绪，它通常是由于危险、威胁或未知等情况引发的。这种情绪可能导致心跳加速、出汗、尖叫和逃避的表情。

惊讶：是一种基本情绪，它通常是由于突然的变化、意外的事件或新的信息引发的。这种情绪可能导致张大嘴巴、瞪大眼睛和惊讶的表情。

厌恶：是一种基本情绪，它通常是由于不愉快的气味、味道、触感或想法引发的。这种情绪可能导致恶心、回避和厌恶的表情。

（二）情绪状态的分类

情绪是人类内心状态的一种表现，它可以被分为多种不同的类型。这些类型包括但不限于快乐与愉悦、悲伤与痛苦、愤怒与敌意、焦虑与紧张、恐惧与惊慌、惊讶与好奇、厌恶与反感以及平静与放松。每种情绪都有其独特的特点和表现形式，它们在人类生活中起着重要的作用。

快乐与愉悦：快乐是一种积极的情绪状态，通常与积极的体验和愉快的感觉相关。它表现为积极的心理状态和生理反应，如微笑、轻松的身体姿态和正面的思考。愉悦则更多地指向一种内心的、持久的、平和的积极情感。它可能由对事物的欣赏、对情境的享受或对某种状态的满足所引发，持续时间可能更长，并且通常与内心的平静和满足感相关。

悲伤与痛苦：悲伤是一种消极的情绪状态，通常与失去、分离或失败相关。它表现为内心痛苦、沉重、无助和失望等感受。痛苦则是一种强烈的身体和心理不适感，可能是由于身体伤害、疾病、心理创伤等原因引起的。

愤怒与敌意：愤怒是一种强烈的消极情绪，通常与受到威胁、挑衅或挫败相关。它表现为内心的不满、急躁、易怒和攻击性。敌意则是一种对他人或事物的敌对态度，可能是由于过去的冲突、不愉快的经历或个人偏见等原因引起的。

焦虑与紧张：焦虑是一种对未来可能发生的坏事的担忧和恐惧，它表现为内心不安、烦躁、担忧和紧张等感受。紧张则是一种由于压力、紧张或焦虑引起的身体和心理反应，如心跳加速、出汗、肌肉紧张等。

恐惧与惊慌：恐惧是一种对危险或威胁的强烈反应，它表现为内心惊恐、害怕和逃避等感受。惊慌则是一种由于突发事件或危险情况引起的强烈恐惧和混乱状态，如逃跑、惊叫或失去控制等。

惊讶与好奇：惊讶是一种对意外事件或新奇事物的反应，它表现为内心惊讶、好奇和探索等感受。好奇则是一种对新事物或未知领域的探索和兴趣，它可以激发人们的求知欲和创造力。

厌恶与反感：厌恶是一种对某种事物或行为的厌恶和排斥，它表现为内心不适、恶心或反感的感受。反感则是一种对某种事物或行为的强烈不满和反对，可能是由于价值观、道德观或个人偏好等原因引起的。

平静与放松：平静是一种内心平静、稳定和宁静的状态，它表现为内心平静、冷静和放松等感受。放松则是一种身体和心理的舒适状态，可以通过休息、放松技巧或冥想等方式达到。平静和放松对于缓解压力、提高生活质量和促进身心健康都有重要的作用。

（三）情感强度分类

根据所激发的主观体验和行为倾向，情绪可以分为积极情绪、消极情绪、中性情绪三种类型。积极情绪涵盖快乐、喜悦和兴奋等正面体验，它通常会引发积极的行为倾向。相反，消极情绪包括悲伤、恐惧和愤怒等负面感受，往往导致消极的行为表现。中性情绪则表现为没有明显积极或消极情绪的情感状态。这三种情绪对个人心理和人际关系的影响，提醒人们学会更好地管理情绪，从而提高生活质量。

积极情绪（Positive Emotions）：包括快乐、兴趣、兴奋等。

消极情绪（Negative Emotions）：包括悲伤、愤怒、恐惧、厌恶等。

中性情绪（Neutral Emotions）：没有明显积极或消极情绪的情感状态，如平静、无聊等。

（四）情绪调节分类

情绪调节是指个体在面对不同情绪时，有意识地调整和管理自己的情绪反应，以达到适应环境和维护心理健康的目的。情绪调节有多种分类方式，其中包括认知重评、表达抑制、注意分配、情绪宣泄、情绪转移、情绪升华、情绪表达和情绪接纳。以下是对这些分类的详细解释：

认知重评：是指通过改变对事件或情境的看法和评价，来调整情绪反应。个体可以主动重新评估情境，从而减轻或改变原有的消极情绪，或者增强积极情绪。

表达抑制：是指通过抑制情绪的外在表现来调节情绪。个体在面临消极情绪时，选择不表达或抑制情绪的表达，以控制情绪的扩散和影响。

注意分配：是指个体通过调整注意力的焦点和方向，来影响情绪反应。将注意力从消极情绪上转移到其他事物或活动上，可以帮助个体缓解消极情绪，增强积极情绪。

情绪宣泄:是指通过哭泣、倾诉等方式,将消极情绪释放出来,以减轻情绪负担。情绪宣泄有助于缓解情绪压力,恢复情绪平衡。

情绪转移:是指通过改变情境或环境,来转移个体的注意力,从而调节情绪。例如,在面临消极情绪时,个体可以选择进行体育活动、听音乐或进行其他娱乐活动,以转移情绪和注意力。

情绪升华:是指将消极情绪转化为积极的动力或行动。个体在面临挫折或困难时,可以将消极情绪转化为努力的动力,推动自己不断进步。

情绪表达:是指个体通过言语、行为等方式,将自己的情绪表达出来。情绪表达有助于个体与他人沟通,增进理解,缓解情绪压力。

情绪接纳:是指个体对自己情绪的认知和接纳。个体在面对情绪时,不抵制或否认自己的情绪,而是选择理解和接受,这有助于个体更好地管理自己的情绪,促进情绪的稳定和平衡。

(五)情绪体验分类

情绪体验是人类在生活中不可避免的一部分,它反映了我们对外部世界的内心反应。了解不同类型的情绪体验有助于我们更好地认识自己,有效应对各种情境。以下是对情绪体验的主要分类:

自我意识情绪(Self-Awareness Emotions):与自我认知和评价

相关的情绪,如自豪、内疚、羞耻等。

社交情绪(Social Emotions):与人际关系和社交互动相关的情绪,如爱、同情、羡慕等。

生理情绪(Physiological Emotions):与生理感受和生理状态相关的情绪,如疼痛、恶心等。

这些分类方式可以互相交叉和重叠,具体取决于分类的目的和应用场景。在实际应用中,可以根据需要选择合适的分类方式进行情绪分析和处理。

参考文献

[1] 李锦瑶,杜肖兵,朱志亮,等.脑电情绪识别的深度学习研究综述[J].软件学报,2023,34(1):255-276.

[2] Too by J., Cosmides L.The evolutionary psychology of the emotions and their relationship to internal regulatory variables.In: Lewis M., Haviland-Jones J.M., Barrett L.F., editors. Handbook of Emotions.3rd ed.The Guilford Press; New York, NY, USA: 2008.pp.114-137.

第二节

阴霾笼罩,情绪波动怎么办?

情绪是人类与生俱来的一部分,是我们对于内部和外部环境刺激的直接反应。了解和接受自己的情绪对于个人的心理健康至关重要。

首先,认识到情绪是非常重要的,每个人都会经历不同的情绪,包括喜、怒、哀、乐,这些情绪是自然的反应,而不是我们需要避免或否认的东西。试图压抑或否认自己的情绪往往会导致更大的问题,如情绪爆发、焦虑、抑郁等。

其次,接受情绪是允许自己感受这些情绪,而不是抵制或逃避它们。当我们接受自己的情绪时,我们能够更好地理解自己,找到问题的根源,并寻求适当的解决方案。

最后,给自己时间和空间去处理和调整情绪也是非常重要。当我们处于强烈的情绪状态时,我们可能无法清晰地思考或做出明智的决策。因此,给自己一些时间和空间冷静下来,有助于我们更好地处理情绪,找到解决问题的方法。

在这个过程中,我们可以尝试一些具体的方法来帮助自己接受和处理情绪,如呼吸放松、冥想训练、写日记、与朋友交流等。这些方法可以帮助我们平静下来,减轻压力,并找到情绪管理的有效方式。

面对阴霾笼罩、情绪波动的情况,首先不要过于焦虑或自责,因为这是每个人在生活中都可能遇到的问题。重要的是要采取一些有效的应对策略,帮助自己调整情绪,恢复正常的心态。以下是一些建议:

(一)认识并接受情绪

情绪是我们内心世界的直接反映,是我们对外部环境和内部体验的感受和反应。了解和接受自己的情绪对于维护心理健康、建立积极的生活态度和实现个人目标都至关重要。

首先,认识情绪意味着我们要能够识别和区分不同的情绪。这需要我们具备一定的情绪认知能力,能够感知自己的情绪变化,并理解这些情绪背后的含义和原因。我们可以通过观察自己的身体反应、情绪表达和行为表现来识别情绪,例如心跳加速、呼吸急促、面部表情或声音变化等。

接受情绪则意味着我们要以积极、开放的态度对待自己的情绪。这包括接受自己的情绪是真实存在的，而不是试图逃避或否认它们。接受情绪也意味着允许自己感受到这些情绪，而不是抑制或压抑它们。通过接受情绪，我们能够更好地理解自己的内心体验，进而找到适当的方式来表达和处理这些情绪。

为了更好地认识并接受情绪，我们可以采取以下一些方法：

自我观察：时刻留意自己的情绪变化，注意自己的身心反应。通过自我观察，我们能够更加敏锐地捕捉到情绪的变化，并及时作出调整。

情绪记录：尝试记录自己的情绪变化，包括情绪的类型、强度、持续时间以及触发因素等。这有助于我们更好地了解自己的情绪模式，发现情绪变化的规律。

情绪表达：学会以适当的方式表达自己的情绪。可以通过与亲朋好友交流、写日记、绘画、冥想等方式来表达内心的感受。情绪的表达有助于减轻内心的压力，同时也能够获得他人的理解和支持。

情绪调节：尝试采用积极的情绪调节策略，如深呼吸、放松训练、正念冥想等。这些策略可以帮助我们平复情绪，缓解焦虑和紧张感。

总之，认识并接受情绪是情感管理和个人成长的重要一步。通过提高情绪认知能力、积极表达和处理情绪以及采用有效的情绪调节策略，我们可以更好地管理自己的情绪，实现内心的平衡和和谐。

（三）寻求支持

帮助调节自己的情绪时，寻求支持是非常重要的一环。情绪管理是一个持续的过程，而在这个过程中，与他人分享、倾诉和寻求帮助可以为你提供宝贵的支持和理解。以下是一些建议，帮助你寻求支持以调节自己的情绪：

亲朋好友：与家人和朋友分享你的感受，他们可以提供情感上的支持。

专业帮助：如果情绪波动持续较长时间，且严重影响到日常生活，建议寻求心理咨询师或专业医生的帮助。他们可以提供更具体的建议和治疗方案。

同事或导师：在工作或学习环境中，与同事或导师交流可能也能为你提供有用的建议和支持。

社交媒体：加入相关的社交媒体群组或页面，与有相似经历的人分享和讨论。

在线论坛： 在专业的心理健康论坛上，你可以找到大量的信息、经验和支持。

在线课程： 学习情绪管理和心理健康的在线课程，增强自我调节能力。

（四）兴趣小组

加入你感兴趣的小组或俱乐部，与他人分享共同的兴趣爱好，有助于缓解压力和调节情绪。

（五）志愿者活动

参与志愿者活动，不仅可以帮助他人，还能为自己带来成就感和满足感。

（六）保持开放

不要害怕寻求帮助，接受他人的支持和建议。

（七）积极面对

将寻求支持视为一种积极的行动，而不是软弱的表现。

（八）定期联系

与支持你的人保持定期的联系，分享你的感受和进步。

（九）有效沟通

在寻求支持时，明确你的需求和感受，同时倾听他人的建议和反馈。记住，每个人的情绪管理过程都是独特的，找到适合自己的支持方式和渠道非常重要。通过积极的寻求和接受支持，你可以更好地应对情绪挑战，实现情绪健康和平衡。与亲朋好友、同事或专业人士分享自己的感受。倾诉可以帮助减轻负担，同时得到他人的理解和支持。

（十）尝试放松和冥想

通过深呼吸、瑜伽、冥想等方法来放松身心。这些方法有助于减轻紧张和压力，让心情更加平静。

（十一）寻找兴趣爱好

参与自己感兴趣的活动或项目，有助于转移注意力，增加积极情绪。例如阅读、绘画、听音乐、旅行等。

情绪波动是暂时的，只要采取正确的应对策略，就可以逐渐走出阴霾，恢复积极的心态。在这个过程中，保持耐心和信心是非常重要的。总之，认识并接受情绪是情绪管理的重要一步。通过接受自己的情绪，并给自己时间和空间去处理和调整，我们可以更好地掌控自己的情绪，实现内心的平衡和和谐。

第三节
被孤立时如何处理人际关系

孤独和孤立感这是现代生活中普遍存在的心理现象,特别是在社交媒体广泛普及、数字化连接成为常态的今天,显得尤为突出。在互联网的虚拟世界中,人们可以通过无数的社交平台轻松建立联系、分享生活、交流情感,但这种便捷性似乎也在无形中改变着我们的社交习惯与心理需求。过度依赖虚拟关系,人们可能在现实中疏离了身边本可发展深厚交往的朋友和家人,导致真实人际网络的萎缩,从而加剧了孤独和孤立感。

在人生的旅途中,我们或多或少都会遭遇孤独和孤立感。它们如同无形的暗影,时而悄无声息地降临,时而如同狂风骤雨般猛烈袭击。对于这两种情绪,我的看法是:它们并不是无法逾越的障碍,只要我们学会正确地应对，就能从中找到自我成长的力量。

要明确孤独和孤立感并非完全负面的体验。孤独可以让人更加深入地反思自己，重新审视与世界的关系；而孤立感则可能促使我们更加珍惜与他人的联系，学会在人群中寻找归属感。因此，面对这两种情绪，我们首先要保持冷静和理智，不盲目地将其视为敌人。

我们还可以从那些成功应对孤独和孤立感的人身上汲取经验。例如，许多艺术家和创作者在创作过程中常常体验到孤独，但他们通过作品将思想呈现给世界，不仅赢得了认可和赞誉，也找到了属于自己的位置。这告诉我们，即使面对孤独和孤立感，也要勇敢地坚持下去，相信自己的力量。

在总结我的看法时，我想强调的是：孤独和孤立感是人生中不可避免的部分，但我们可以选择如何面对它们。通过培养兴趣爱好、建立稳固的社会关系以及从他人身上汲取经验，我们能够逐渐克服这些障碍，成为更加坚强和自信的人。让我们一起勇敢地迎接生活中的挑战，用智慧和勇气驱散孤独和孤立感的阴霾。

当面临被孤立的情况时，处理人际关系可能会更具挑战性，以下一些建议可以帮助你应对并改善人际关系：

（一）自我反思

当面对被孤立时，进行自我反思是一个非常重要的步骤。被孤立可能来自多种原因，包括人际关系的困扰、个人行为的问题，或者是外部环境的变化。通过自我反思，我们可以更好地理解被孤立的原因，并找到解决问题的方法。

以下是一些进行自我反思的建议：

确认自己的感受：首先要意识到自己正在经历被孤立，并接纳这种感受。不要试图逃避或否认它，而是尝试理解它。

回顾过去的行为：思考一下在过去的交往中，是否有不当的行为或决策导致了被孤立。这可能包括言语上的攻击、忽视他人的感受、或是缺乏与他人建立深层次联系的努力。

分析自身性格：考虑自己的性格特点是否有可能导致被孤立。例如，是否过于内向、害羞或固执，这些特质可能阻碍了与他人的交往。

审视价值观和目标：思考自己的价值观和目标是否与周围的人有所不同。如果差异过大，可能会导致被孤立。了解这些差异并找到共同点有助于缓解孤立感。

寻求外部反馈：与朋友、家人或导师交流，了解他们对你的看法和建议。他们的反馈可能帮助你更好地认识自己，找到导致被孤立的原因。

制订改进计划：根据自我反思的结果，制订一个改进计划。这可能包括改变一些不良的行为习惯、学习新的社交技巧，或是主动寻求与他人建立联系的机会。

保持积极心态：面对孤立时，保持积极的心态非常重要。相信自己有能力克服这个困难，并努力寻找解决问题的方法。

最后，请记住，自我反思是一个持续的过程。不要期望一次性就能完全解决问题，而是要不断地反思、学习和成长。随着时间的推移，你会逐渐变得更加自信、善于交往，并建立起更紧密的人际关系。

（二）主动沟通

面对被孤立时，主动沟通是一个积极且有效的策略。孤立往往源于误解、隔阂或缺乏交流，而主动沟通可以帮助打破这些障碍，重建人际联系。以下是一些关于如何主动沟通的建议：

明确沟通目标：在开始沟通之前，明确你想要达到的目标。这可以是解决问题、消除误会、增进理解或建立新的联系。

确定沟通对象：思考与他们建立联系的价值和可能性。

选择适当的沟通方式：根据你与对方的关系、对方的性格和偏好，选择合适的沟通方式。这可以是面对面的对话、电话、电子邮件、社交媒体或其他通讯工具。确保沟通渠道是开放和可行的,以便双方都能参与和回应。

保持积极和尊重的态度:主动沟通时,要保持积极、开放和尊重的态度。表达你的想法和感受,同时也要倾听对方的观点和感受。避免指责或批评,而是努力理解对方的立场和感受。

使用清晰和明确的语言:表达你的感受和需要时,使用清晰、明确的语言。避免含糊不清或模棱两可的表达方式,以免引起误解或混淆。描述你的观察、感受和期望,而不是指责或攻击对方。

保持耐心和开放的心态:主动沟通可能需要时间和努力,因为不是每个人都会立即回应或接受你的邀请。保持耐心,并持续表达你的意愿和意图。同时,保持开放的心态,接受对方的反馈和回应。如果他们愿意与你沟通,尊重他们的意见,并尝试达成共识或妥协。

寻求帮助和支持:如果你觉得主动沟通困难重重,不妨寻求他人的帮助和支持。这可以是朋友、家人、老师或心理咨询师,他们可以提供指导、鼓励和支持。

通过主动沟通,你不仅能够表达自己的想法和感受,还能够建立更深层次的联系和理解。尽管初次尝试可能会感到不自在或害怕,但记住,主动沟通是克服孤立、建立人际关系的关键步骤。不断练习和积累经验，你将变得更加自信和舒适地与他人交流。

（三）建立新关系

当面对孤立时，建立新的关系可以帮助你摆脱孤独感，扩大社交圈子，并找到新的支持和朋友。以下是一些建议，帮助你在孤独的情况下建立新关系：

参与社交活动：积极寻找和参与各种社交活动，如聚会、俱乐部、志愿者工作或社区活动。这些活动为你提供与志同道合的人相遇和建立联系的机会。

加入兴趣小组或社团：根据你的兴趣爱好，加入相关的兴趣小组、社团或组织。这样，你可以与有着相同兴趣的人一起分享经验、交流想法，并建立深厚的友谊。

利用在线社交平台：现代科技提供了许多在线社交平台，如社交媒体、论坛和聊天室。你可以通过这些平台与志同道合的人进行交流和互动，建立起新的关系。

主动与他人交谈：不要害怕主动与他人交谈。在公共场所、学校或工作场所，尝试与陌生人进行友好的对话。通过问候、分享观点或提出问题，你可以打开与他人交往的大门。

发展已有关系：回顾你现有的社交圈子，找到那些与你有着共同点和兴趣的人，与他们建立更深入的关系。通过更多的交流和互动，你可以加深彼此的了解和友谊。

保持积极和开放的态度：在建立新关系时，保持积极和开放的态度非常重要。要有自信，相信自己有能力与他人建立联系。同时，保持开放的心态，接受不同的观点和背景，这将有助于你与更多的人建立共鸣。

注重互相支持和帮助：建立新关系不仅仅是寻找新朋友，还要注重互相支持和帮助。在与他人交往时，尽量提供合适的帮助和支持，同时也要寻求他人的帮助和支持。这样的互动关系将更加稳固和有意义。

记住，建立新关系需要时间和努力。不要急于求成，保持耐心和积极的心态。同时，也不要忘记保持自己的独立性和个性，不要为了迎合他人而牺牲自己的真实感受。通过与他人的真诚交往，你将逐渐建立起新的关系，并找到属于自己的社交圈子。

（四）寻求专业帮助

面对被孤立时，寻求专业帮助是非常重要的。专业心理咨询师或心理治疗师可以提供专门的指导和支持，帮助你理解自己的情感状态，并找到应对孤立的有效策略。以下是一些关于如何寻求专业帮助的步骤和建议：

了解专业帮助的重要性：孤立感可能导致心理健康问题，如抑郁和焦虑。专业的心理咨询师或治疗师具备专业知识和经验，能够提供你所需的支持和指导。

选择合适的专业人士：寻找具有相关资质和经验的心理咨询师或心理治疗师。你可以通过咨询机构、医院、诊所或在线平台等途径找到合适的专业人士。

准备和整理自己的思绪：在咨询前，试着整理和明确自己感到被孤立的原因和症状。准备一份简短的自我介绍，包括个人背景、感受、遇到的挑战等，以便更有效地与专业人士沟通。

预约咨询：联系你选择的专业人士，并预约一个咨询时间。在预约时，可以简要说明自己的情况和需求，以便他们更好地准备。

积极参与咨询过程：在咨询过程中，保持开放和诚实的态度。分享你的感受、经历和需求，同时倾听专业人士的建议和指导。

接受专业帮助和支持：专业帮助可能包括心理治疗、认知行为疗法、心理教育等。接受这些帮助时，要保持耐心和信心，相信专业人士能够帮助你走出孤立。

持续关注和自我关怀：除了专业帮助外，也要关注自己的心理健康。保持积极的生活态度，培养健康的生活习惯，如运动、社交、放松等。同时，寻求家人、朋友或社区的支持，建立更广泛的社交网络。

记住，寻求专业帮助并不是软弱的表现，而是勇敢和明智的选择。专业的心理咨询师或治疗师将为你提供个性化的支持和指导，帮助你克服孤立感，重新建立与他人的联系。

（五）保持耐心和信心

当面对孤立时，保持耐心和信心是至关重要的。孤立感往往不是一朝一夕就能解决的，需要时间和努力来逐渐克服。以下是一些建议，帮助你在面对孤立时保持耐心和信心：

认识到改变需要时间：记住，建立新的关系、改变社交状态并不是一蹴而就的事情。给自己足够的时间来适应新环境，寻找新朋友。

设定小目标：不要期望立即摆脱孤立，而是设定一系列小目标。例如，每周参加一次社交活动，与一个新认识的人保持联系等。

持续努力：耐心意味着即使进展缓慢也要持续努力。不要轻易放弃，坚持尝试不同的方法来改善社交状况。

相信自己：信心来源于对自己的信任和肯定。相信你有能力克服困难，建立新的关系。

关注自己的优点：列出自己的优点和成就，以此提醒自己并不孤单，而是有价值的个体。

接受过去的经历：不要让过去的失败或挫折影响你对未来的信心。认识到每个人都有起起伏伏，过去的经历并不代表你的全部。

寻求支持：与朋友、家人或专业人士分享你的感受。他们的支持和鼓励可以帮助你保持信心。

保持积极的生活态度：积极参与活动、培养兴趣爱好、保持健康的生活方式，这些都有助于提升你的自信心和幸福感。

最重要的是，要时刻提醒自己，孤独只是暂时的，通过持续的努力和积极的心态，你能够建立新的关系，摆脱孤独感。保持耐心和信心，相信自己能够走出这段困境，迎接更美好的社交生活。

（六）学会独处

面对孤独时，学会独处是一种重要的能力，它可以帮助我们更好地理解自己，提升内在的力量和稳定性。以下是关于如何在孤立中学会独处的建议：

接受并认识自己的情感：孤立的时候，我们可能会感到寂寞、焦虑或不安。首先，要接受这些情感是正常的，并尝试去理解和认识它们。这有助于我们更好地管理自己的情绪,并找到适合的方法来应对。

利用独处的时间进行自我成长:独处的时间是一个很好的自我提升的机会。可以学习新的知识、培养新的技能,或者深入思考自己的价值观和目标。阅读一些好书、参加在线课程或参与个人发展计划,都可以帮助你更好地了解自己并实现自我成长。

建立与自己的连接:在孤立的环境中,我们可能会失去与他人的联系,但这并不意味着我们要完全与外界隔绝。通过写日记、冥想或进行其他形式的自我表达,可以建立与自己的连接,并更好地理解自己的需求和感受。

保持开放和积极的态度:尽管孤立可能会带来一些负面的情感,但我们要努力保持开放和积极的心态。记住,这只是一时的困境,不是永恒的状态。相信自己能够克服困难,并保持对未来的希望和期待。

总之,面对孤立时学会独处并不是要我们完全封闭自己,而是要学会更好地管理自己的情绪和需求,利用这段时间进行自我成长和提升。通过接受自己的情感、培养自我关怀、进行自我成长、建立与自己的连接以及保持开放和积极的心态,我们可以逐渐在孤立中找到力量和内心的平静。

请记住,处理人际关系是一个复杂的过程,需要时间和努力。保持积极和开放的态度,相信自己有能力改善人际关系,你会逐渐走出孤立的困境,与他人建立更加健康和积极的关系。

参考文献

[1] 张雨,薛松梅,杜金丽,等.七年级学生情绪管理与父母教养方式之间关系的研究——一项倾向性匹配分析[J].中国社会医学杂志,2023,40(02):163-166.

[2] 韩慧,程耀慧,王元明,等.父母控制和自我情绪管理与中学生攻击行为的关联性研究[J].淮海医药,2023,41(01):95-98.

[3] 田茂彬,李雪,姚桂英,等.七年级中学生情绪管理现状及影响因素研究[J].中国社会医学杂志,2022,39(01):43-47.

[4] 刘微.学生情绪管理的探索与实践[J].科学咨询(教育科研),2022,(02):109-111.

[5] 俞利红.关注学生情绪,构建心理防护——谈德育教学中如何做好小学生的情绪管理教育[J].亚太教育.

第二章
考前压力与情绪调适

著名的发展心理学家和精神分析学家埃里克森认为学龄期儿童（6～12岁）为了不落后于"别人家的孩子"，必须努力完成学习任务，勤奋地学习，在这个过程中，害怕失败的情绪又会时不时被渗透，自卑与勤奋同时存在造成了这一时期儿童的心理问题。

考试压力是指学生对考试环境要求超出自己应对能力的一种感受。大部分学者调查结果显示小学生学习压力总体过大，已变成了一个不可忽视的问题。在教育部门大力强调素质教育的今天，学习压力过大的小学生数量却与日俱增，这种现象反映了目前推行的各种减负降压的方法还有待进一步落实。学习压力过大依然是当下小学教育的一项不能不提的问题。绝大部分测量结果显示，小学生学习的压力主要来源于考试压力和家长压力，可以看出家长对子女的期望过高成为学生学习压力过大的主要因素，考试作为检测学生学习成绩的方式也是造成小学生学习压力的重要因素。

那中小学生出现此类压力会有怎样的表现呢？怎样进行情绪的调适呢？本章我们将进行全面的介绍。

第一节 考前压力的主要表现

中小学生时期是人生中一个关键的成长阶段,这一阶段不仅是知识的积累,更是身心发展的重要时期。然而,随着社会竞争的日益激烈,考试成为了衡量学生学习成果的重要标准,也给学生带来了前所未有的压力。本文将详细探讨中小学生考前压力的主要表现,以期为教育工作者和家长提供参考,共同帮助学生减轻压力,健康成长。

一、中小学生考前压力的主要表现

(一)生理层面的表现

1. 失眠多梦:考前压力往往导致学生睡眠质量下降,出现失眠多梦的现象。因为压力会让学生的大脑在夜晚保持高度活跃，无法进入深度睡眠。长时间的睡眠不足不仅会影响学生的精神状态，还会影响学生的记忆力和学习效率，甚至可能导致身体机能的下降，影响学生的健康。

2. **食欲改变**：考前压力还可能导致食欲的改变。有的学生可能会因为压力大而食欲大增，通过食物来寻求安慰；而有的学生则可能会因为压力大而食欲缺乏，甚至产生厌食的情况。这两种情况都会对学生的身体造成不良影响。

3. **身体不适**：考前压力还可能导致各种身体不适，如头痛、胃痛、肌肉紧张等。这些不适可能会分散我们的注意力，让学生无法专心备考。同时，长期的身体不适也会对中小学生的身体造成损害。

（二）心理层面的表现

1. **焦虑不安**：考前焦虑是中小学生最常见的心理表现之一。学生可能会担心自己考不好、担心家长的期望落空、担心别人的评价、担心未来的前途等。这种焦虑会让学生感到不安和紧张，影响情绪状态。

2. **抑郁情绪**：部分学生在考前可能会出现抑郁情绪，表现为情绪低落、缺乏自信、觉得自己无法应对考试的压力、对学习失去兴趣等。

这种抑郁情绪会让学生感到沮丧和无助，进一步影响学习状态和学习积极性。

3. 注意力不集中： 考前压力还可能导致学生注意力不集中，无法专心学习。学生可能会感到思维混乱，总是被一些无关紧要的事情所干扰，无法集中注意力在考试内容上，导致学习效率下降。

（三）行为层面的表现

1. 拖延行为： 考前压力可能导致学生出现拖延备考，即不愿意开始复习或拖延复习时间，可能会觉得自己还有很多事情要做，但又不知道从哪里开始，于是就会一直拖延下去。这种拖延行为会让学生感到更加焦虑和自责，进一步加剧考前压力。

2. 过度学习： 为了应对考试压力，一些学生可能会选择过度学习。他们可能会长时间坐在书桌前，不停地做题和看书。然而，这种过度学习并不一定能提高学生的成绩，反而可能会让学生感到疲惫和厌倦。

3. 逃避行为： 部分学生可能会选择逃避考试压力，表现为找各种借口不去复习，或者选择参加一些与考试无关的活动来转移自己的注意力等。这种逃避行为并不能真正解决问题，反而可能让学生在考试中更加紧张和焦虑。

二、中小学生考前压力的影响

（一）对学业的影响

考前压力会让学生感到焦虑和紧张，影响学习效果。学生可能会因为压力过大而无法集中注意力在考试内容上，导致考试成绩不理想。此外，长期的考前压力还可能让学生对学习失去兴趣，产生厌学情绪。

（二）对身心健康的影响

考前压力会对学生的身心健康造成不良影响。长期的压力会导致学生身体出现各种不适症状，如头痛、胃痛等。同时，压力还会影响学生的心理健康，导致学生出现焦虑、抑郁等情绪问题。这些问题不仅会影响学生的生活质量，还可能对学生的未来发展产生负面影响。

（三）对人际关系的影响

考前压力还可能影响学生的人际关系。学生可能会因为压力过大而变得敏感、易怒或孤僻，导致与他人的关系紧张或疏远。这种紧张的人际关系会进一步加剧学生的压力感，形成恶性循环。

接下来，可以进一步探讨这些表现背后的原因和机制。例如，失眠可能是由于大脑在夜晚过度活跃，无法放松和休息；食欲改变可能是由于身体在应对压力时释放了过多的激素，影响了食欲；焦虑则可能是由于对未知的恐惧和对失败的担忧等等。此外，还可以从更宏观的角度来探讨考前压力对个人成长和发展的影响。例如，适度的压力可以激发学生的潜能和动力，让其更加努力和专注；而过度的压力则可能会对学生的身心健康造成损害，影响我们的学习和生活。因此，中小学生需要学会如何平衡压力和挑战，让自己在成长的过程中更加健康和自信。

综上所述，考前压力的主要表现是一个复杂而多元的问题，它涉及到生理、心理和行为等多个层面。通过深入了解这些表现背后的原因和机制，中小学生可以更好地应对考前压力，提高自己的学习效率和成绩。同时，中小学生也需要关注考前压力对个人成长和发展的影响，学会平衡压力和挑战，让自己在成长的道路上更加健康和自信。

第二节

辩证看待压力，从容应考

在中小学生的成长道路上，考试无疑是他们必须面对的一大挑战。随着学习任务的加重和竞争的加剧，考试压力也随之而来。然而，压力并非全然是负面的，关键在于我们如何辩证地看待它，并学会从容应对。本节将从辩证的角度探讨中小学生如何面对考试压力，并提出相应的应对策略，旨在帮助学生们在考试中保持冷静、自信，取得优异的成绩。

一、辩证看待考试压力

（一）压力的正反两面性

正面效应：适度的压力可以激发学生的学习动力，提高他们的注意力和专注度，有助于更好地掌握知识和技能。同时，压力也是学成长和进步的重要推动力，让他们学会面对挑战和困难，培养坚韧不拔的品质。

负面效应：过度的压力则会对学生的身心健康产生不良影响，导致焦虑、抑郁等情绪问题，甚至影响学生的学习效果和考试成绩。此外，长期承受压力还可能对学生的未来发展产生负面影响。

（二）正确评估压力

自我认知：学生需要对自己的能力和水平有清晰的认识，避免过高或过低的自我评价。同时，要学会正视自己的不足和缺点，并努力改进。

理性分析：学生需要理性分析考试的重要性和自己的实际情况，避免盲目追求高分或过度焦虑。要根据自己的实际情况制定合理的学习计划和目标。

二、从容应对考试压力

（一）调整心态

积极乐观：学生需要保持积极乐观的心态，相信自己能够应对考试压力并取得好成绩。可以通过阅读励志书籍、与积极向上的朋友交流等方式来提升自己的积极情绪。

自信坚定：学生需要对自己的能力和水平有充分的信心，相信自己的努力和付出会有回报。可以通过回顾自己的学习成果、参加模拟考试等方式来增强自信心。

（二）制订计划

合理规划：学生需要根据自己的实际情况制订合理的学习计划，明确每天的学习任务和目标。同时，要学会合理分配时间，避免临时抱佛脚或过度学习。

严格执行：学生需要严格按照计划执行学习任务，保持学习的连续性和稳定性。同时，要学会调整计划以适应自己的实际情况和需要。

（三）注重方法

高效学习：学生需要掌握高效的学习方法，如归纳整理、联想记忆等，以提高学习效率和质量。

错题总结：学生需要重视错题总结，及时查找自己的错误和不足，并制订相应的改进措施。通过反复练习和巩固，避免在考试中犯同样的错误。

（四）锻炼身体

增强体质：学生需要注重身体健康，积极参加体育锻炼和户外活动，增强体质和免疫力。良好的身体素质有助于缓解压力和提高学习效率。

放松心情：学生可以通过运动来放松心情、缓解压力。如散步、慢跑、游泳等有氧运动可以帮助学生缓解紧张情绪、放松身心。

（五）寻求支持

家庭支持：学生需要得到家庭的支持和理解。家长可以与孩子共同制定学习计划、关注孩子的身心健康、鼓励孩子积极面对考试压力等。

学校支持：学校可以为学生提供心理辅导、学习指导等支持服务。教师可以通过与学生交流、倾听学生的心声等方式来了解学生的需求和问题，并提供帮助和支持。

三、应对中小学生考前压力的策略

（一）家庭方面

营造良好的家庭氛围：家长应该营造一个轻松、和谐的家庭氛围，让学生感受到家庭的温暖和支持。家长可以与学生一起制定学习计划，鼓励学生积极面对考试压力。

合理安排饮食和作息：家长应该合理安排学生的饮食和作息时间，保证学生有充足的营养和睡眠。这样可以提高学生的身体素质和精神状态，减轻考前压力。

给予适当的鼓励和支持：家长应该给予学生适当的鼓励和支持，让学生感受到自己的价值和能力。家长可以关注学生的进步和成就，及时给予肯定和鼓励，增强学生的自信心。

（二）学校方面

减轻学业负担：学校应该合理安排学生的学业负担，避免过度追求分数和排名。学校可以通过优化课程设置、减轻作业量等方式来减轻学生的学业压力。

开展心理辅导活动：学校可以开展心理辅导活动，帮助学生认识自己的压力和情绪问题，并提供有效的应对策略。心理辅导活动可以包括讲座、团体辅导、个体咨询等形式。

建立良好的师生关系：教师应该关注学生的心理健康，与学生建立良好的师生关系。教师可以通过与学生交流、倾听学生的心声等方式来了解学生的需求和问题，并提供帮助和支持。

（三）学生个人方面

制定合理的学习计划：学生应该根据自己的实际情况制定合理的学习计划，明确学习目标和任务。这样可以帮助学生有条不紊地复习知识，减轻考前压力。

保持良好的心态：学生应该保持积极的心态面对考试压力。可以通过运动、听音乐、与朋友交流等方式来放松身心，缓解压力。同时，学生也应该学会接受自己的不足和失败，从中吸取经验和教训。

寻求帮助和支持：当学生感到压力过大时，应该及时向家长、老师或朋友寻求帮助和支持。他们可以提供有效的建议和支持，帮助学生渡过难关。

四、案例分析

（一）成功案例

小明是一名初中生，他平时学习认真、勤奋努力。在面对考试压力时，他能够保持冷静、自信，制定合理的学习计划并严格执行。同时，他还注重锻炼身体和放松心情，通过运动来缓解压力。最终，他在考试中取得了优异的成绩。

（二）失败案例

小红是一名高中生，她平时学习成绩优秀但心理压力较大。在面对考试时，她总是过度焦虑、紧张不安，导致无法正常发挥自己的水平。她曾经尝试过多种方法来缓解压力但效果不佳。最终，她在高考中未能发挥出自己的最佳水平，成绩不尽如人意。

通过对这两个案例的分析可以看出，辩证看待考试压力并从容应对是取得好成绩的关键。学生需要保持积极乐观的心态、制定合理的学习计划、注重方法和锻炼身体，并寻求家庭和学校的支持。只有这样，他们才能在考试中保持冷静、自信并取得优异的成绩。

五、结论

考试压力是中小学生必须面对的一大挑战但并非全然是负面的。学生需要辩证地看待压力并学会从容应对。通过调整心态、制定计划、注重方法、锻炼身体和寻求支持等方式可以有效地缓解压力并提高学习效率。同时需要从家庭、学校和学生三个方面入手，共同制定有效的应对策略。通过营造良好的家庭氛围、减轻学业负担、开展心理辅导活动等方式来减轻学生的考前压力；同时，学生也需要保持积极的心态面对考试压力，制定合理的学习计划并寻求帮助和支持。只有这样，我们才能让学生在考试中发挥出自己的最佳水平，实现自己的人生价值。

案例：

小茜，高一女生，小学、初中时成绩优异。高中时，小茜的成绩不理想，她在被父亲责骂后，将更多的时间和精力投入学习。期中考试前，小茜出现了入睡困难、易惊醒等情况，结果又没考好。此后，小茜的学习状态明显差了很多，没有以往开朗，经常与父亲争吵。心理压力变大，开始害怕失败，出现考前焦虑。

由于社会、家庭对学习的重视，高中生在学业中常常感受到压力。并且学业成绩也会直接影响学生的自我评价。但不同的人面对考试感受到的压力程度却是不同的。考试本身并不能攻击我们，给我们带来压力的，是我们采取不同的应对方式，结果也会完全不同。面对考试压力，有两类极端的例子：一类同学平时表现不错，倒是一到关键时刻就"掉链子"，连会做的题都做不对了；而另一类同学平时表现平平，一到关键时刻却能超常发挥，考出优异成绩。我们常常为第一类同学感到可惜，希望自己都可以成为后者。究其原因，适当的压力能够促进个人的表现，而过度的压力则会带来相反的效果。那么，我们如何才能把考试压力控制在"适当"的范围内，让我们也能"超常发挥"

呢？一般来说，影响考试压力的直接因素有两个：一是你认为自己是否能够达成期望的目标（成绩或是名次等）；二是如果失败（没有达成期望的目标），你认为对自身的影响会有多大。首先，我们来说第一个因素：你认为自己是否能够达成期望的目标？对于这一问题，答案取决于你为自己设定的目标，以及对自己能力的认知。这两者之间是否匹配，决定了你会感受到的压力多大。例如，明知道自己一直以来的物理成绩只能是勉强及格，这次却立志非要考到90分，那么压力就比较大了；反之，自己明明有考90分的能力，偏偏只想拿个60，虽然不会有压力，却可能因为过分"松懈"而让自己拿到成绩时大跌眼镜。我们常说，跳一跳可以够到的才是最合理的目标。首先，我们必须先了解自己的能力，然后制定一个需要一定努力就能达到的目标，不让目标遥不可及。这种程度的压力会驱动我们使用"问题指向型（problem—solving based）"应对策略，驱动自己通过努力来达成目标。其次，我们再来说说第二个因素：如果失败（没有达成期望的目标），你认为对自身的影响会多大？这个也不难理解。如果你认为胜败乃兵家常事，失败也是个学习的机会，回去深刻反思，下次卷土重来就好，那就更容易有一颗平常心；反之，如果你觉得这个失败的结果将是灾难性的，却又没有百分百的把握可以避免失败，那么焦虑和紧张就无法避免了。所以，类似高考这样"决定命运"的考试，往往会给我们带来巨大的压力。这两个看似简单的因素，我们却很难控制。因为影响因素实在太多，有老师、父母的期待，有同学、好友之间的比较，还有来自整个社会体系的要求。但是我们也并非完全无能为力，我们依然可以学着去认识压力。当我们能够与压力面对面，而非深陷其中时，就有可能更好地去控制它了。

摆脱不必要的负面情绪

通常来说，当你觉得需要"缓解压力"时，应该已经感受到了压力所带来的负面情绪。在这样的情绪中，我们无法专心学习，也很难思考自己到底应该怎么做。此时，我们首先要做的，就是让自己从负面情绪的控制中摆脱出来，"冷静"地思考。放松训练就是一种很好的方式。我们可以采用最舒服的姿势，如坐下或躺下，然后闭上眼，深呼吸，让自己从四肢到全身的所有肌肉都不再用力。这么做的效用在于，当我们有意识地去控制、调节我们可以控制的神经和肌肉时，不受意志支配的自主神经系统（控制内脏活动、调节体内激素等功能的系统）也会随之平复，由此所引起的负面情绪也就自然降低了。只有摆脱了过度且不必要的负面情绪，我们才有可能冷静地看待和解决问题。不仅是在考前准备的时候，即使是在考场中，如果察觉到了自己已经紧张到无法集中注意力时，30秒的放松训练也会为你争取到更多的"有效"时间。

设定合理的目标

设定合理的目标是控制考试压力的有效手段。为此，我们首先需要了解自己的能力，去找到那个"跳一跳可以够到"的目标。当然做起来却远没有说说那么容易。了解自己既有的能力可能不难，但是"跳一跳"究竟可以跳多高？设置低了，无法激发出自己真正的潜力。此外，我们在设定目标时还会受到许多周围因素的干扰，如父母的要求、同学间的竞争等等。因此，我们给大家的建议是：设定"多档"目标。我们可以将目标分为几档，底线是必须达到的，往上一点就可以挑战一下，成功了我们会很开心，而失败了也没有关系。如此，则可朝着最高的目标努力，结果即便是没够到，只要落在了设定的范围内，对我们来说就是可以接受的。

制定复习计划

我们不妨先梳理一下自己的情况：复习的范围是什么？哪些是我熟悉的，可以少花点时间？哪些是必须要看的重点？给自己排一个优先顺序。因为时间紧急，就一下子投入复习是最低效的方式，因为这样"不讲究"的复习必定缺乏取舍，有可能到最后一刻才发现该看的来不及看完了。如果没看完的知识点里还包括了最应该复习的重点，那可就要带着极高的压力和追悔莫及的心情进考场了。因此，制定严密的复习计划也是控制考试压力的重要手段。

正确理解失败的后果没有什么失败是毁灭性的，哪怕是高考。我们可以去想象最坏的结果：如果高考失败了会怎样？拿到成绩单的那一刻会是怎样的心情？为了什么沮丧？为什么恐惧？两周之后，一切又会怎样呢？

同家人和小伙伴一同面对

我们完全可以寻求周围人的帮助。我们可以同父母一起设定目标和计划；可以请老师给一些具体的建议，帮助制定复习计划；还可以邀请小伙伴们一同复习，互相监督等等。总之，面对考试压力时，我们不是必须独立作战的。人的一生难免要面对各种大大小小的考试，无论是在学习还是工作中，学会了应对考试带来的压力，缓解紧张、焦虑的心情，才能更好地应对考试，为到达成功的彼岸提供保障。

第三章
对校园欺凌说"不"

第一节 什么是校园欺凌

一、校园欺凌的概念

欺凌,在现代汉语中是"欺压、凌辱"的意思。校园欺凌通常是指发生在学校或者校园环境中,一个或者多个学生有意识地通过言语或者肢体暴力攻击、伤害他人,从而让受害者感到羞辱、痛苦或者恐惧的行为。2016年我国教育部将校园欺凌定义为:发生在学生之间蓄意或恶意通过肢体、语言及网络等手段,实施欺负、侮辱造成伤害的事件。在我国校园欺凌,又称为校园霸凌或者校园暴力,是个之前容易被大众忽视的问题。

二、校园欺凌中有哪几种角色？

校园欺凌中有三种角色，分别是欺凌者、受欺凌者和旁观者。相较于女生而言，男生可能更容易卷入肢体冲突的校园欺凌，因为男生较于女生来说更容易冲动，且体魄更强健。而女生则更喜欢以小团体排挤他人，以非肢体冲突为主。

1. 欺凌者

容易成为欺凌者的孩子一般具有以下特征：具有极强的自尊心、嫉妒心和报复心理；过于极端，如过于自信或者缺乏自信、在同学中很受欢迎或者很不受欢迎；缺乏安全感或内心充满孤独。当然经常受欺凌的人也有可能爆发，变成欺凌者。

2. 受欺凌者

性格内向、胆小怕事、敏感自卑、人际交往能力较差、不爱说话、表达能力差或者由于生理上的原因，如身材矮小、肥胖、口吃等往往更容易成为受欺凌者。

3. 旁观者

协同欺凌、煽风点火、置身事外、默默旁观以及勇敢站出来保护受欺凌者这些都属于旁观者类型。

三、校园欺凌的形式

校园欺凌的形式多种多样，根据其特点，主要分为四种形式：言语欺凌、肢体欺凌、社交欺凌和网络欺凌。

言语欺凌是指通过骚扰、辱骂性语言在背后议论他人甚至造谣对受欺凌者进行伤害，比如同学之间嘲笑对方的长相、缺点以及取侮辱性绰号等，对他人当面或背后进行羞辱和讥讽。这类言语欺凌给受害者带来的伤害往往是无形的，不容易被发现的，是最容易被忽视的一种校园欺凌。

肢体欺凌是指欺凌者通过肢体动作去恐吓、伤害他人，如暴力推搡、拳打脚踢、抢夺或勒索钱财等。这是一种典型的校园欺凌方式，不光会给被欺凌者造成直接的身体伤害，还会给被欺凌者留下严重的心理和精神伤害。

社交欺凌是指欺凌者故意离间破坏同学之间的关系，如散播谣言、暴露他人隐私、损毁他人形象、鼓励排挤他人等。

网络欺凌是指通过社交网站和软件，言语攻击威胁他人或者发布一些让接收人感到不舒适的图片或视频等行为。如通过微信给对方发侮辱或嘲讽的话语、伙同其他同学在微信或QQ班级群里故意排挤某同学等等。此外，还包括"人肉搜索"、散播谣言、网络恶搞等。

校园欺凌往往是多种形式的伴随出现,不仅仅是某种单一的形式。小明是一名小学三年级的学生,他长得比同龄人矮小,个性内向,不善于与人交流。由于身材的原因,他在班级里一直很受同学的欺凌,经常被同学推搡、打骂,被叫"小矮人""矮冬瓜",出入校园都是独自一人。小明的父母多次去找班主任和学校领导协商,但一直没有得到有效的解决办法。最终,小明的学习成绩受到影响,他变得越来越消极,甚至不想上学。这个小明同学就正在遭受来自肢体、言语以及社交等多方面的校园欺凌,这不光对小明同学的成绩造成了影响,还严重影响了其心理健康。

四、校园欺凌的特点

1. 校园欺凌形式具有多样性

通过上文我们了解校园欺凌的形式是多种多样的,其中包括:言语欺凌、肢体欺凌、社交欺凌以及网络欺凌。随着网络欺凌的出现,使校园欺凌形式更多样,校园欺凌问题也越来越复杂。网络欺凌除了不具备肢体欺凌外,传统的言语欺凌、社交欺凌等欺凌方式都通过互联网以新的形式表现出来,并且传统的欺凌形式在现实生活中也存在,并没有因新的欺凌形式的出现而消失,由此可见在当前中小学校园欺凌形式具有多样性。

2. 校园欺凌行为具有隐蔽性

中小学校园欺凌的高发区域一般在学校厕所、教室、楼道、操场、学生宿舍、校门口及周边等这些较为隐蔽的地方。由于具有私密性的厕所、学生宿舍不方便安装监控,老师和家长也不方便一直跟随,操场及学校周边人少偏僻的地方又不容易被人发现。这些具有隐蔽性和私密性的欺凌场所将会掩盖一些欺凌行为。

除此之外,言语欺凌、社交欺凌以及网络欺凌等欺凌行为也具有隐蔽性。言语欺凌作为传统的欺凌方式,主要是通过辱骂性的语言进行谩骂、羞辱以及讥讽,对受欺凌者进行言语攻击,对其造成心理负担。社交欺凌是一种极为狡猾、善变的欺凌方式,比如,当学校开始介入调查受欺凌者因为被孤立欺凌时,欺凌者又会开始表现出无比友善或无辜的样子,反而让被欺凌者贴上"不合群""自私""心理不健康"等不好标签,这种带有社交关系欺凌在中学校园并不少见。网络欺凌的欺凌地点主要在各类网络平台,但是网络平台一般都比较难监管且欺凌痕迹也比较容易抹除。

3. 校园欺凌影响具有持续性

校园欺凌,仿佛是一道少年时期的伤疤,有人云淡风轻,有人刻骨铭心。校园欺凌给中小学生带来的伤害很容易形成挥之不去的"阴影",这种心理"阴影"就是欺凌的持续性影响。2014年《美国精神病学研究杂志》调查显示,学生时代被欺凌的经历阴影可能会持续到中年时期。遭受校园欺凌将对学生造成长期的、严重的身体和心理等方面的影响。

五、校园欺凌的危害

心理学家埃里克森曾说"单方面强调成绩的重要性,忽略了孩子的品德和健康人格的养成,很容易弱化孩子的'社会角色',导致孩子遇到问题时,不懂得采取正确的解决办法。"但在长期以来应试教育的压力下,学校和家长更多倾向于关注孩子的学习成绩,忽视了孩子的心理健康状况,加上不正确甚至无效的交流及沟通,也让受到校园欺凌的孩子得不到及时和有效的帮助。这也严重的影响了儿童和青少年的生长发育和心理健康。长期遭受校园欺凌的学生可能会出现以下问题:

1. 身心受损

校园欺凌会对受欺凌者的身心健康造成严重损害。受欺凌者可能会出现头痛、睡眠障碍等身体不适,也有可能会出现吸烟、饮酒等不良习惯。受欺凌者的痛苦也会向内部转化，表现为自尊心受损，长此以往可能发展成抑郁或者焦虑等心理疾病。长时间的身心折磨，会让受欺凌者产生心理阴影，影响正常生活。

2. 学习成绩下滑

受欺凌者受到欺凌后产生的心理问题，会让受欺凌者无法专注的学习。并且也会因为在学校受到欺凌而不愿意去学校，导致成绩的下滑，使其完成的教育水平较低，从长远来看这还将影响其未来的经济收入水平。

3. 人际交往能力下降

受欺凌者可能会因为遭受欺凌变得自卑和孤独，不愿意和周围的人交往。长期的校园欺凌行为也会让受欺凌者对人际交往产生恐惧和不安，从而使其难以与周围的人建立良好的人际交往关系。

4. 家庭关系疏离

由于受欺凌者家人忽视以及不理解，和受欺凌者可能因为害怕被欺凌而不愿意和家人交流，使受欺凌者无法与家人进行良好的沟通。长此以往，校园欺凌会对受欺凌者的家庭关系造成疏远，家人对受欺凌者的支持和关心减少。

5. 行为偏差增加

校园欺凌会让受欺凌者缺乏安全感，更具有攻击性，使得受欺凌者更容易与他人发生争吵、冲突，甚至可能伤害他人走向犯罪道路。也可能让受欺凌者产生自杀念头，开始关注和思考自杀行为。

校园欺凌的危害非常严重，对受欺凌者的影响是全方位的。不仅会影响受欺凌者的身心健康和学习成绩，还会破坏社交关系和家庭和谐。对于校园欺凌问题的重视刻不容缓！由于青少年在生理上和心理上都处于发育阶段，世界观、人生观尚未完全形成，很容易受到社会不良风气和因素的影响，校园欺凌现象就时有发生。往往受害者面对校园欺凌，一般都选择默默承受，因此经常被学校、家长和社会忽视，对受害者的身体和心理健康造成负面影响，严重者甚至影响人格发展、导致精神疾病。家长和学生也一定要认识到，欺凌他人自己也会受到应有的处罚，有些处罚会影响自己的一生。

校园应是最阳光、最安全的地方。抵制校园欺凌，让每个孩子都沐浴在阳光下。

参考文献

[1]王文靖,张志华,李一峰,赵凤,吴晓爽,孙业桓.校园欺凌及其危害[J].伤害医学(电子版),2017.

[2]侯雪娇.中小学生校园欺凌行为成因及应对措施[J].中小学心理健康教育,2020,(6):36-38.

[3]王海蓉.中学校园欺凌问题及对策研究[J].社会科学Ⅱ辑,2022.

[4]刘天娥,龚伦军.当前校园欺凌行为的特征、成因与对策叨.山东省青年管理干部学院学报:青年工作论坛,2009.

[5]陈友慧、易延发、周建辉:"中小学校园欺凌特征、成因及心理干预策略",《教育观察》,2019年第14期.

第二节 校园欺凌的主要表现

校园欺凌是指发生在校园内外、学生之间,一方(个体或群体)单次或多次地蓄意或恶意通过肢体、语言及网络等手段实施欺负、侮辱,造成另一方(个体或群体)身体伤害、财产损失或精神损害等的行为[1]。被欺凌者大多是在校学生,欺凌者可以是学生也可以是教师。

2018年,我国一项包括北京、上海、江苏和浙江4省市的研究数据表明,约有48.2%的学生经历过校园欺凌,其中频繁遭受校园欺凌的学生占17.7%[2]。全球学校学生健康调查(GSHS)的国家和地区结果显示,校园欺凌发生率为7.1%~74.0%不等,另一学龄儿童健康行为研究(HBSC)调查的国家和地区结果显示,校园欺凌发生率为8.7%~55.5%;来自96个国家和地区的GSHS数据显示,一个月内,19.4%的学生在学校被欺凌1~2天，5.6%的学生被欺凌3~5天，7.3%的学生被欺凌6天甚至更多天[3]。各项数据表明，校园欺凌行为已经成为一个不容忽视的全球教育治理问题。关于校园欺凌的新闻，常常引起民众高度的关注，尤其一些报道中关于欺凌者的所作所为令人愤怒，而被欺凌者则因此出现各种问题，如成绩下滑、睡眠障碍、抑郁症等，严重者可能会使受欺凌者有自伤或自杀行为[4-6]。

目前学术界主流的分类是以欺凌内容及其表现形式划分为以下四种。

一、言语欺凌

根据中国应急管理学会校园安全专业委员会发布的《中国校园欺凌调查报告》可知，语言欺凌是校园欺凌的主要形式。语言欺凌行为发生率明显高于关系、肢体以及网络欺凌行为占23.3%。有研究表明，男性更倾向于采用肢体的方式来实施欺凌行为，而体质相对较弱的女性则更倾向于采取言语的方式，从而使得女性言语欺凌的倾向高于男性[7]。一项关于小学一年级到三年级校园欺凌的研究表明，约有49%的学生曾经遭受过言语欺凌，约有9%的学生经常遭受言语欺凌。这部分遭受言语欺凌的学生当中约有40%选择"忍气吞声"，约有31%的学生"有过不去上学的念头",约有9%的学生在遭受言语欺凌时会选择"报告给老师或者家长",剩余20%的学生的选择"反击和报复"[8]。由此可见,大多数学生在遭受言语欺凌后,都找不到合适的方法和途径去进行解决。长此以往就会对他们产生非常严重的心理问题,感觉自己缺少被爱的价值,产生对生活的无望感,从而带来不可挽回的结果。

案例: 朱某某,小学三年级,由祖父母抚养,母亲在外工作,上学期间周围同学常常说他是矮子,同桌也会打骂他,他选择忍气吞声,不告知家长及老师,但因此患上抑郁症,害怕上学,无故晕倒。如对体形较胖的同学,称为"胖妞";对体育课上跑步较慢的同学称为"弱鸡";对身材瘦小白净的同学说他很娘等等。这些带有贬义攻击的词汇,不应该成为同学的称呼更不应该以此开玩笑。作为家长更需关注自己孩子的心理状态,与孩子保持密切沟通,学校更要高度重视言语欺凌行为,杜绝言语欺凌事件的发生,从而给学生营造良好的成长环境。

二、肢体欺凌

一项关于中国7省(自治区)汉族中学生校园欺凌行为调查报告显示,4457名汉族高中生校园欺凌发生率为31.0%,被他人欺凌发生率为 22.7%，其中肢体欺凌占比 6.2%[9]。

肢体欺凌是最容易被家长及教师发觉的欺凌行为，该类欺凌行为最初大多发生于男生群体之间，但随着时代发展，部分女生之间也容易出现掌掴的欺凌行为。该类欺凌行为往往与网络欺凌一同出现，欺凌者们用手机将受欺凌者被辱骂、殴打的场景记录下来，并发送给同学以此取乐。这种欺凌很容易对受欺凌者造成肢体上的伤害，也是一种最严厉的欺凌行为，对受欺凌者的身心造成严重伤害，正如校园欺凌行为的受害者不仅仅只有被欺凌者，倘若肢体欺凌行为得不到纠偏，该行为对欺凌者内心意识的强化作用是极易导致欺凌者将肢体欺凌作为今后自身处理相类似行为的范本。

案例：被告人张某某与被害人葛某某系同班同学，葛某某到张某某的宿舍时碰撞张某某一下，二人因此发生争执并厮打，厮打中张某某持刀将葛某某捅伤，经鉴定葛某某的损伤构成重伤。

处置结果：法院认为被告人张某某故意伤害他人身体致人重伤，其行为构成故意伤害罪。鉴于被告人犯罪时系未成年人，投案自首且已与被害人和解，对其减轻处罚并适用缓刑。据此认定张某某犯故意伤害罪判处有期徒刑一年，缓刑二年。

校园欺凌轻则被警告通知家长，重则触犯校规校纪，严重者触犯法律法规,面临牢狱之灾。《中华人民共和国刑法》第二百三十四条规定:故意伤害他人身体的,处三年以下有期徒刑、拘役或者管制。犯前款罪,致人重伤的,处三年以上十年以下有期徒刑;致人死亡或者以特别残忍手段致人重伤造成严重残疾的,处十年以上有期徒刑、无期徒刑或者死刑。本法另有规定的,依照规定。

三、关系欺凌

关系欺凌,又称间接欺凌,即在群体之间挑拨或者恶意中伤来孤立他人,将其排除在社交圈之外。这是一种非常隐蔽的欺凌方式,并且通常不被人们认可为欺凌,会对被欺凌者造成精神伤害或者对人际关系产生恐惧。有学者针对上海市金山区的青少年校园欺凌行为进行了抽样调查,结果表明,42.6%的学生自报过去30d内遭受过不同类型的欺凌,关系欺凌的发生率为24.3%[10]。例如,在同辈之间散播他的坏话、谣言,对其进行社会性排斥行为,通过忽略、孤立、排斥等系统性行为降低被欺凌者的社会存在感,而被欺凌者会因为受到孤立从而感到沮丧、焦虑、丧失自信,更有甚者会产生厌学心理,做出自我伤害的行为。

案例:徐某某与胡某某是朋友关系,一天胡某某看见徐某某与一男生说话，便到处和其他同学说徐某某谈恋爱，并命令自己的朋友们不准与徐某某讲话，徐某某渐渐一个人来往，并且害怕见到那名女生，徐某某也因此成绩下滑，并且患上抑郁症。

关系欺凌看似无害，实则于被欺凌者而言，心理上受到巨大伤害，被孤立、被排斥，使被欺凌者陷入深深的自我怀疑中，打击被欺凌者的信心，未来甚至会恐惧与人建立关系，害怕再次受到伤害。

四、网络欺凌

网络欺凌主要通过多元网络媒介散播伤害被欺凌者的言论、图片或视频等，使被欺凌者再次、重复地在更大范围受到围观，从而造成更大、更深的精神痛苦[11]。网络的即时性与传播性导致欺凌随时可以发生并对受害者产生的影响不会随着欺凌行为的停止而终止，而是随着网络信息的快速传播迅速让许多人看到。

最常见的形式分为以下几种：

（一）挑衅、骚扰：反复多次发送带有攻击性、侮辱性以及威胁性的粗俗消息。

（二）诽谤：以网络为载体，捏造、散布虚假事实，损害他人名誉的系列行为。2013年9月9日，最高人民法院、最高人民检察院明确

"网络诽谤"入罪标准,即谣言被转发超 500 次可判刑。

(三)假冒他人:通过不合理方式获得他人社交账号,并以他人社交身份公开发布或针对特定对象发送不利于受欺凌者形象以及声誉的信息。

(四)欺诈:欺诈主要分为两种,第一种是以偷听、八卦等不合理方式获取他人隐私(包括不愿为他人知晓的信息)后,在社交平台公开发布或向特定对象发送;第二种是通过友情等形式在获取被欺凌者信任后将被欺凌者的私密信息在社交平台公开发布或向特定对象发送。

(五)视频图片拼接:在互联网平台上公开发布以损害被欺凌者名誉为目的的图片或视频,而相关图片以及视频大多是利用编辑软件处理过的,为达到目的用虚假图片视频编造虚假事实,并加以传播。

案例:刘某某,是一名深圳市初中生,突然一天发现同学对自己指指点点,原来是某个微信公众号上造谣她是个渣女,刘某某立马联系管理员删除文章,结果却被要求收取 750 元的删除费用,刘某某只好报警处理,经过警方调查该公众号通过编造虚假文章造谣诽谤他人,使被害人不得不花钱删帖,而该公司以此牟利,最终该公司员工一网打尽。

网络欺凌充斥着虚假信息,欺凌者只需要在社交账号发布关于受欺凌者的虚假信息,便会被无数人看见,并被众人排斥取笑。这些虚假信息没有人去证实,却有无数人相信,并引起无数人去批判。请不要成为网络欺凌的参与者,理智看待,在没有证实之前更不要去批判,你的一句评论可能就是压死骆驼的最后一根稻草。

 参考文献

[1]教育部.教育部等十一部门关于印发《加强中小学生欺凌综合治理方案》.

[2]申燕妮,辛涛,张佳慧,等.中国四省市学生校园欺凌的现状及防治策略——来自PISA 2018的证据[J].中国教育政策评论,2019,(00):227-244.

[3]张静.UNESCO《数字背后:终结校园暴力与欺凌》报告述评[J].世界教育信息,2020,33(01):18-23.

[4]吴静,陈国平,王志强,等.安徽省中学生遭受校园欺凌和睡眠时间与抑郁症状的关联[J].中国学校卫生,2022,43(10):1547-1550.

[5]唐寒梅,杨丽霞,傅树坚,等.江西中学生校园欺凌与自杀相关行为的关联分析[J].中国学校卫生,2018,39(01):60-63.

[6]王婷炜.抑郁青少年校园欺凌与非自杀性自伤的关系[D].兰州大学,2023.

[7]肖迪,李孟儒,彭涛.校园欺凌行为的性别视角分析[J].哈尔滨医科大学学报,2020,54(06):672-677.

[8]王富昌,周涛红,彭少峰,等.小学低年级校园言语欺凌特点与应对策略探索[J].小学生(下旬刊),2021,(11):61-62.

[9]刘志浩,刘玥希,张树成,等.中国7省(自治医学,2023,34(06):679-682+686.

[10]吴芃,夏娟,唐富荣,等.上海市金山区青少年受欺凌状况及与心理行为问题的关联[J].中国学校卫生,2019,40(04):608-611.

[11]教育部基础教育司.防治中小学生欺凌和暴力指导手册[M].北京:教育科学出版社,2018:15.

[12]钟莎.校园欺凌行为的形成机制和防控对策[D].华东政法大学,2023.

第三节

校园欺凌产生的原因

一、校园欺凌成因分析

中学生正处于青春发育期,自我意识逐渐增强、心理发育不成熟、教养方式不合理和外界环境复杂等容易使其发生实施欺凌或遭受欺凌行为。欺凌经历会直接影响学生身心健康,容易引发失眠、孤独、抑郁、自杀等问题。我们不当残忍的欺凌者,不当冷酷的旁观者,也不当沉默的受害者。本章将通过对校园欺凌的原因进行分析,从初中生校园欺凌个体、家庭、学校和社会四个方面的特征进行分析总结,以便深入了解该校校园欺凌的成因并探寻防治校园欺凌相关对策。

1. 校园欺凌的个体特征

（1）性别

值得关注的是，研究发现在欺凌行为的发生过程中，男生所占比例均高于女生，这可能与男生的性别平等认知水平较低有关，从而缺乏能力来建设友善、平等和尊重的性别关系，进而导致欺凌行为发生；而在受欺凌行为中，相比较于女生，男生所占比例也高于女生，以关系欺凌和言语欺凌为主，这同样可能与其自身性别平等素养不高，人际交往受限进而受到周围同伴的排斥和否认有关。

与男生群体相同，家庭、学校和社区暴力暴露均能提高女生卷入校园欺凌的概率。与男生群体不同的是，在社区亲历暴力暴露是使女生卷入校园欺凌最大的危险性因素。

（2）肥胖

肥胖学生出现抑郁症状的风险高于正常或偏瘦学生与之前对儿童和成年人的研究结果一致，肥胖的学生在与他人交往过程中更容易感到自卑、敌对和焦虑等不良情绪，因此对青少年肥胖患者进行及时干预可以减少其抑郁症状，此外，中学生的运动频率与抑郁症状相关，每周至少进行3天以上的运动可以降低出现抑郁症状的风险，遭受校园欺凌的学生抑郁症状的发生风险增加，与原因可能是青少年遭受欺凌后会感到担忧、受到威胁，缺乏安全感，封闭自己，不愿意和别人沟通，更容易产生抑郁等心理问题。

学生自身一些因素也是遭受校园欺凌的相关因素超重肥胖与遭受校园欺凌呈正相关，可能是因为超重肥胖的青少年会因外型而自卑，由自卑导致的内向与怯弱使青少年更容易受到同龄人的疏远、歧视，从而成为被校园欺凌的对象。

（3）心理健康

校园欺凌事件发生的普遍性与学生心理倾向存在一定的联系，学生采取的不当行为、过激行为可能是缓解心理压力的一种必然反应，心理状态或心理倾向可能是欺凌行为发生的重要诱导因素。

校园欺凌可以看作是部分学生群体道德意识淡薄的行为表现，但欺凌事件发生受到扭曲的快感、渴望被认同、找回自尊、唯我独尊、自我效能感等心理因素影响。校园欺凌中学生群体的心理行为包括群体归属心理、群体认同心理、群体促进心理等。

研究表明，欺凌等负性生活事件与抑郁、焦虑等精神心理疾病发生率增高相关，卷入校园欺凌的学生有更高风险发展为心理亚健康。有抑郁症状和焦虑症状的学生更容易受到校园欺凌，相关研究表明校园欺凌和抑郁互为因果，抑郁症状的个体通常因情绪低落不愿与人交流，容易被同伴孤立，使他们更容易受到欺凌，为了高兴使用可溶性溶剂、除咳嗽外使用止咳剂、无医生许可使用镇静剂也是遭受校园欺凌的风险因素。

（4）其他个体特征

与高中生相比，初中生是遭受校园欺凌的弱势群体，原因可能是初中生正在经历青春期，自我意识增强，会出现严重的叛逆心理，同学之间也更容易产生冲突；也可能与小升初学习压力增加，社会认知能力不足，在得不到别人认同的情况下，形成了错误的认识观有关；

吸烟行为与学生遭受校园欺凌呈正相关，研究结果也表明吸烟是中小学生遭受校园欺凌的危险因素；

网络成瘾会对青少年的身心健康产生负面影响，随着网络和电子产品的大众化，学生使用电子设备和接触网络的频率大幅度增加，青少年好奇心强，但辨别能力差，容易被网络中的信息误导产生错误的观念，从而使网络欺凌现象层出不穷。

由调查研究可知，个体因素中受欺凌者个体性别、身体肥胖、心理健康，所在年级，是否为单亲家庭或独生子女，个体的生理特征、性格特点和心理状态，受欺凌后采取的方式以及同伴交往；欺凌者个体对校园欺凌的道德认知和关怀意识；旁观者对欺凌的态度和行为反应等特征都对校园欺凌现象具有重要的影响。

2.校园欺凌的家庭特征

家庭教对一个人的成长起着特别重要的作用,甚至是学校教育和社会教育无法替代的,父母潜移默化地影响孩子的心理与行为。结合校园欺凌现象,社会学习理论认为,个体成长环境中的暴力行为具有示范和传递效应。如果儿童和青少年长期目睹暴力行为,那么他们往往就会模仿并认同暴力行为,在特定外界条件的刺激下,自然地激发起欺凌行为。

(1)家庭教育特征

父母的教育是孩子最初和第一任的教师,他们的言传身教直接影响孩子。现实中,绝大部分父母自身并没有受过专业的家庭教育训练,并且其个体在社会经历、经济条件等方面也存在很大差异,可能影响父母的教育观,父母的教育观甚至由于自身局限而具有很大缺陷。

父母教育观中存在重智力轻德育的明显倾向,对"知识改变命运"存在片面认识,很多家长把孩子的学习成绩作为唯一的衡量标准。很多父母只重视子女的成绩和智力开发,忽视了道德教育。还有的家长在教育过程中缺乏耐心,遇到事情不能冷静思考,依靠大发雷霆的方式来发泄情绪,极容易引起孩子效仿。因此,孩子在成长过程中遇到困难，要么采取回避放弃态度，要么采取发泄情绪的方式对待别人。消极地面对困难和挫折，或者采取暴力方式也成为部分欺凌者对他人实施欺凌行为的导火索，导致校园欺凌的发生。

（2）家庭关怀特征

有调查显示，施暴者多为"问题少年"，或家庭暴力不断、父母离异、父母一方去世或留守儿童。这些因素导致孩子在学校中容易受到欺凌。不良的家庭关怀可能导致孩子在学校中受到欺凌。过度的保护和溺爱使孩子变得"唯我独尊"，面对矛盾容易用暴力来解决问题。此外，问题少年往往来自家庭暴力或家庭背景不佳的家庭。

调查认为造成校园霸凌的原因是青少年身心不成熟，家长缺失关爱和监管，在一个经济条件优越的时代，孩子的物质需求容易得到满足，但心理需求的满足可能反而更加欠缺，家长在满足孩子物质需求的同时，缺少情感和精神的交流，忽视了孩子的内心变化。另外，不恰当的家庭教育也会影响孩子的心理健康。一部分家长的教育方式可能简单暴力，缺乏与孩子沟通。对于正处在青春期的孩子来说，父母的不关注、不理会甚至粗暴责骂式教育容易导致孩子的叛逆，甚至造成心理偏差。良好的家庭氛围有利于孩子成长，如果父母经常在孩子面前争吵打骂，孩子会自然而然模仿用这种暴力方式去解决问题，久而久之就容易成为攻击他人的欺凌者。研究指出父母的专制教育风格和欺凌暴力倾向呈正相关。

由调查研究可知，家庭因素中父母的教养方式、家庭氛围和父母对待校园欺凌的关心程度等对校园欺凌的成因具有重要影响。

3. 校园欺凌的学校特征

长期以来，我国学校教育偏重于知识教育，法律教育不足，学生对欺凌缺乏认识和防范，缺乏正规反欺凌认识，学校资源不足也可能从侧面加剧欺凌行为。

学校管理不善是校园欺凌的重要原因，表现为纪律宽松、监管不足和教师引导不当。这些因素导致学生不当行为未受相应处罚，变向鼓励了暴力行为，对学生、学校和家庭带来长期影响。

有些功利化的思想观念与行为倾向对学生的成长发展带来很大负面影响，严重影响学生的身心健康，不利于学生的心理与行为发展。在此背景下，学生内心需求和现实需求面临冲突时不能得到良好的引导与教化，学生容易形成三种心理态势：忍受、适应和反抗。在大多数学生中广泛存在忍受的心理态势，属于大众性选择，这类心理特征的个体主要是通过言语及态度表达对学校的不满，但不会进行行为上的反抗。对于校园欺凌事件而言，欺凌者对于大多数学生来讲属于更为强势的个体或团体，大多数被欺凌学生处于忍受的心理状态。校园欺凌事件中此类群体多采取沉默的态度。如果其属于被欺凌者对象，那么其心理状态会受到严重挑战，可能采取逆来顺受的方式面对，此时如果欺凌者放弃继续欺凌，那么这一心理状态将会得稳固与内化，可能演变为逃避与懦弱。但是，如果欺凌者不放弃继续欺凌，被欺凌者往往会做出两极化的选择，对自身或欺凌者进行伤害，在行为上表现为自杀或报复性杀人。反抗的心理态势属于占比极少的群体选择，这类个体往往对学校教育制度存在的不信任及挑战态度，因而，容易在平时容易受到教师与学校的批评和惩罚。在校园欺凌事件中，这一心理特征的群体大部分处于欺凌者行列，通过对他人进行欺凌宣泄自己的反抗欲望，以此获得心理快感和成就感。

通过调查发现： 社会压力、精神抑郁和校园欺凌加害经历会促使中学生遭受校园欺凌，但可以通过学校保护来抑制校园欺凌发生；在学校群体里，如果出现力量悬殊，比如在外形的身材强壮对矮弱、群体人数的多少、高低年级等，容易出现欺凌现象；学校因素中老师对学生的关心和沟通频率以及家校合作程度、教师的教育方式、学校的课程设置和制度规范等特征是校园欺凌产生的重要因素。

4. 校园欺凌的社会特征

社会因素包括暴力负面信息，如电影、游戏，以及社会环境中存在的暴力和不良行为，这些因素对校园欺凌有促进作用。独生子女数量少，与同龄人相处时易犯错误，处理与同龄人关系问题。同时，社会中存在多种歧视群体，如性恋、种族和宗教信仰，可能导致学生成为欺凌的受害者。

（1）教育偏颇、方式落后

教育偏颇和方式落后在当前教育环境下，忽视了思想道德教育与人格教育，导致日常灌输式教育无法吸引学生的兴趣，对其身心发展不利。此外，监管不力或处理不当，使得欺凌行为得不到及时处理和解决，进一步伤害了学生的身心健康。

（2）监管不力、处理不当

监管不力表现为对校园欺凌行为的纵容态度。当出现欺凌事件时，部分教师或学校领导选择隐瞒或化解，这种处理方式实际上降低了欺凌的严重性，使学生失去对教师的信任。另外，家长在知道欺凌事件后，未进行及时沟通，进一步加剧了欺凌对学生身心健康的伤害。

(3) 社会信息加工技能缺陷

社会信息加工技能缺陷体现在个体从信息感知到行为评价的整个过程。这一缺陷导致个体容易受到社会线索的误导，对他人意图的敌意归因和解释，以及攻击性行为反应的缺乏。这些因素使得欺凌更易发生，并可能导致更有效的欺凌行为。

(4) 态度与价值观偏差

态度与价值观偏差表现为欺凌者持有消极态度，更认同欺凌行为。当目睹欺凌事件时，他们可能无动于衷或麻木不仁，很少愿意帮助受欺凌者。

(5) 道德认知方面的缺陷

道德认知方面的缺陷体现在个体在面对与道德标准相抵触的行为时，容易产生内疚和自责。这些内疚感阻碍了个体采取更大力度违背道德标准的行为。欺凌者通过特定认知偏差，重新定义自己的行为，使其伤害性增大，从而逃避其内部道德责任。

通过调查发现： 社会因素中的社会风气、暴力影视作品、媒体报道以及相关案例等对校园欺凌有较大影响，从社会层面来看，校园欺凌问题表现为社会群体性失范对学生产生的不利影响。当前，我国经济社会处于转轨时期，逐利思想对青少年价值观冲击较大，青少年易受其影响，引发不道德行为。因而，应积极整治社会环境，改善网络环境，为学生健康成长营造良好社会环境。

5. 结论建议

综上所述，针对青少年遭受校园欺凌的影响因素，建议从家庭方面父母应给孩子营造和谐稳定的家庭环境，从小倡导平等宽容的理念；从学校方面打造优良的校园环境，并开设心理辅导课及建立心理辅导室，为在校学生提供有效的校园心理支持，为学生营造良好的校园环境；从社会方面应倡导政府加大对校园欺凌的关注度，鼓励动员全社会，完善校园欺凌的法律法规、定期开展心理健康教育、加大对网络环境的监管力度等。通过父母、学校、社会的互相协调配合，有效降低校园欺凌的发生率。

第三章 对校园欺凌说"不"

校园欺凌的应对措施

如何提出切实可行的预防措施并针对欺凌现象进行事后处理已经引起社会的广泛关注。众所周知,校园欺凌是一种严重的问题,对学生的身心健康产生极大的伤害。一旦出现学校欺凌事件,对于受害者的身心健康成长和文明法治社会建设,都将是一次严重的打击。所以为了保障学生的权益,营造和谐、安全的校园环境,需要采取一系列有效的应对措施。

从整个大环境来说,国家要进一步完善相关政策,制定反欺凌的法律法规,保护青少年的幼小心灵,完善惩治措施,从根源上杜绝欺凌行为。司法机关要加大对校园欺凌案件的打击力度,保障受害学生的合法权益,建立法律援助机制,为受到欺凌的学生提供法律帮助和支持。国家要加强文化建设，净化网络环境，对传播不良文化的行为严加惩治。

从学校层面来说，学校是青少年同伴交往的主要场所，各个中小学需要制定校园欺凌预防方案，明确校园欺凌的定义、表现形式和处罚措施。在校园内定期开展校园欺凌排查，及时发现和处理欺凌事件；加强校园安全设施建设，如安装监控摄像头、设置紧急报警装置等。还可以设立专门的校园欺凌举报渠道，如举报箱、举报电话等，鼓励学生积极举报校园欺凌事件，保护举报者的隐私和安全，对举报的欺凌事件进行及时调查和处理，确保公正公平。再者，学校可以建立追踪机制，对处理过的校园欺凌事件进行追踪和回访，确保问题得到彻底解决；对受到欺凌的学生进行长期关注和关心，了解其恢复情况和心理状况；对欺凌者进行教育引导，防止其再次实施欺凌行为。

学校还要发挥育人功能，开展青少年同伴关系的相关课程，教授与同伴交往需要的社交技巧，解答与同伴交往的困惑，帮助青少年正确地处理同伴关系。另一方面，学校可以开展活动，为青少年创造与同伴交往的机会，并通过活动使青少年在与同伴交往中获得归属感和认同感，促进青少年身心的健康发展。学校还应建立健全心理健康辅导机制，为学生提供心理咨询和支持。对受到欺凌的学生进行心理疏导和干预，减轻其心理创伤。加强师生心理健康教育，提高心理素质和应对能力。

相关研究发现，教师在课间休息和午餐时间频繁监督的学校发生欺凌的频率较低。因此，学校在课间休息以及午餐时间安排确保有足够数量的成年人与学生待在一起，对学生的各项活动进行良好和有效的监督是一项非常重要的预防措施。而其他研究表明大部分欺凌行为是由高年级学生对低年级学生实施的，所以学校可以通过安排高年级学生和低年级学生在不同的时间段休息，或者分配在学校的不同区域来防止欺凌行为。对于学校里一些偏僻的区域，学校应该重点监视或拆除。

从教师层面来说，教师的使命是教书育人，所以教师要公平对待每一位学生，帮助学生建设正确的学生观，也要教授其社交技能，培养学生在同伴交往中的情绪感知力和共情能力；同时也要引导学生合理宣泄情绪，建立积极的心理防御机制；在处理同伴关系问题时，可以通过角色转换等方法，正确处理校园欺凌行为；还应加强教育宣传，通过课堂教学、主题活动等形式，普及校园欺凌的危害和防范措施；利用校园广播、海报、宣传栏等渠道，广泛宣传校园欺凌预防知识；增强师生对校园欺凌的认识和警惕性，构建良好的师生关系，形成良好的校园氛围。

西澳大利亚学院 Cross 和 Barnes 曾共同提议出"友好学校友好家庭"计划，该计划根据为微观体系中环境和成员人际关系对儿童发展的重大因素。家庭教育体系论指出，儿童的重要行动模型是在环境中习得的，成员之间以错综复杂的方法互相影响和反映。友好校园或友好家庭教育规划通过采取改进家庭教育人际关系、创造正确的家庭教育方法、培育良好的家庭教育夫妻关系等举措，来防止校园欺凌的出现。

所以当我们在看待欺凌事件本身时，应该充分考虑被欺凌者所处的环境。目前，很多研究者将青少年儿童在家庭生活中的不适应行为，与青少年儿童在与同伴交往过程中的受欺凌情况联系起来。研究发现，父母对孩子的惩罚措施与青少年儿童遭受欺凌的情境之间有着密切联系；父母的过分保护或者放任纵容与孩子在学校里被欺凌事件有着紧密联系；父母的威权主义与青少年儿童产生欺凌行为的主观动机密切相关，被父母采取了严格管教手段的青少年有可能会出现经常欺负其他人的行为。除此以外，与儿童、青少年的攻击性行为联系在一起的特征也可能包括父母进行惩罚性的教养、缺少家庭的温暖、父母之间的婚内冲突、父母对孩子的暴力等。

还有从学生家庭教育方面来看，父母要积极关注孩子的心理健康，多与孩子沟通交流，营造良好的家庭氛围，形成和谐的亲子关系。父母之间应注意培养良好的夫妻关系，当父母间有矛盾时，尽可能回避孩子，不要让孩子看到父母的矛盾。当父母发生冲突后，父母双方都要选择正确的沟通方式和冲突处理方法，不要采取言语攻击或者行为粗暴攻击等毁灭性的处理方式；父母要注重孩子的思想品德教育，以身作则，为孩子树立一个好的榜样，不能只关注孩子的学习成绩，对待孩子可以正面鼓励，不能过分纵容，必须做到奖罚得当；另外，家校合作沟通必不可少，家长要配合学校开展教育工作，形成"家校共同体"，加强家长与学校之间的沟通，共同关注学生的心理健康。学校要定期向家长汇报校园欺凌防治工作进展，听取家长意见和建议。

从个人方面来说，在这个层面采取措施的目的主要是改变个别学生的欺凌行为或情况，包括欺凌者和被欺凌者。当老师怀疑或者知道班级里有欺凌行为时，应立即采取行动，分别找欺凌者和被欺凌者谈话。明确告知欺凌者我们不接受任何欺凌行为，并确保不会再有同样的行为；当有多个学生参与欺凌行为时，老师应迅速分别无间断与他们一个一个进行交谈，最后将他们聚集在一起，明确告知他们任何欺凌行为都会被惩罚，不会被容忍。

当然，在处理校园欺凌问题的过程中，教师不仅要对欺凌者进行生命教育、思想教育、品德教育和文明礼貌教育，还要对被欺凌者进行生存技能教育，教会弱势学生学会人际交往，学会如何应对别人的欺凌、威胁、言语挑衅与侮辱等问题，尤其是如何向教师或其他成年人求助，学会自我保护将是弱势学生的生存之道。因此，学校可以试着开展朋辈辅导活动，因为朋辈辅导更易于深入被霸凌者的心里，协助他们去体会其情感、思想；朋辈也能够就霸凌者事情的原因、心理体验等相关方面与被霸凌者进行沟通交流，使被霸凌者通过倾诉等方式把内心的情绪释放出来。除此之外，老师们也可以协助朋辈们开展各种社会公益活动，对被霸凌者提供心理引导。老师们还可以鼓励学生们积极参加校园心理剧，让学生们通过话剧表演等方式把现实中的心理问题、矛盾等，以人物装扮、情景对话等多种形式表现出来。当然，能由欺凌者与被欺凌者按照剧本共同出演就更好了，这样就可以进一步提高双方的交流互动，并在角色扮演的过程中，帮助学生学会换位思考，从而增进共情，同时还能引发参与者与观看者的共同反思。

总而言之，校园欺凌应对措施方法需要综合运用多种手段，从预防、教育、举报、心理健康辅导、家校合作沟通、法律保护、专项整治和追踪机制等方面入手，形成全方位、多层次的防治体系。学校应加大对学生人生观、世界观的教育，增强学生自尊自强的意识，培养学生换位思考的能力，教育学生相互理解、相互尊重、团结友爱，从根本上提高学生对校园欺凌的认知和反欺凌能力。而家长应该以身作则，率先垂范，做好家庭的和睦，同时教育孩子树立正确的人生观及道德观，教育孩子明辨是非，自信自强，敢作敢为，从家庭角度为预防校园欺凌事件的发生尽一份力。同时，社会各界也应共同关注校园欺凌问题，形成全社会共同参与的良好氛围。只有这样，才能有效遏制校园欺凌现象的发生，给学生成长提供一个安全文明的校园环境，保障学生的身心健康和合法权益。

第四章
家长如何引导孩子情绪管理

第一节
家长情绪对孩子心理的影响

一、引言

在日常生活中,我们常常听到这样的话:"别看孩子小,他可是个'小人精'呢!"的确,孩子们仿佛拥有神奇的雷达,能敏锐捕捉到周围人尤其是父母的情绪变化。今天的故事主角浩浩,就是这样一个"小侦探"。

浩浩的爸爸是个工作狂,每天早出晚归,回家后总是紧锁眉头,疲惫不堪。每当这时,浩浩就像被乌云笼罩的小树苗,原本活泼开朗的他,也会变得沉默寡言,甚至偷偷躲进房间,独自面对内心的不安。而当爸爸偶尔心情舒畅,带着笑容回家时,浩浩则会像阳光下的向日葵,瞬间绽放出灿烂的笑容,欢快地围着爸爸转,分享学校里的趣事。

浩浩的故事并非个例。近年来的研究表明，家长的情绪状态不仅直接影响孩子的情绪体验，更在很大程度上塑造着他们的心灵世界。正如我国著名的教育家、思想家陶行知先生曾说过："父母是孩子的第一任老师。"家长的言行举止、喜怒哀乐，无一不在潜移默化中塑造孩子的心理特质。

那么，家长的情绪究竟如何影响孩子呢？首先，我们要理解情绪的"传染性"。心理学家们发现，人与人之间存在着一种被称为"情绪同步"的现象。当家长展现出某种情绪时，孩子如同一面镜子，通过镜像神经元的作用，不自觉地模仿并体验同样的情绪。这就是为什么当家长愁眉苦脸时，孩子也容易陷入低落；而家长开怀大笑时，孩子也会跟着开心起来。

其次，家长的情绪对孩子心理发展具有深远影响。稳定的、积极的家长情绪犹如孩子心中的"定海神针"，能为他们提供安全感，助力自尊心与自信心的培养；反之，如果家长情绪波动频繁，孩子可能会感到无所适从，甚至产生焦虑、自卑等心理问题。此外，家长的情绪表达方式还为孩子提供了学习情绪认知与表达的模板。父母若能妥善处理情绪，孩子就更可能学会用健康的方式应对生活中的喜怒哀乐。

然而，现实生活中，家长难免会有情绪低落、烦躁的时候。这时，他们的负面情绪可能如阴霾般笼罩家庭,对孩子的心理健康构成威胁。长期的压力、焦虑、抑郁等负面情绪,可能导致孩子出现心理障碍,如焦虑症、抑郁症、强迫症等。家长的过激情绪,如突然爆发的愤怒,也可能让孩子在心理承受力、行为模式等方面受到负面影响。

面对如此重要的课题,家长需要意识到自己不仅是孩子生活的照顾者,更是他们情绪教育的引导者。那么,如何才能做好这个角色,既保护孩子免受不良情绪影响,又能帮助他们形成健康的情绪管理模式呢?接下来的内容,我们将一同探索这个问题的答案,为家长们提供实用的策略与建议,共同为孩子打造一个充满爱与理解、利于情绪健康成长的家庭环境。

二、家长情绪对孩子心理发展的影响与风险

(一)情绪传播与影响机制

情绪传染性:家长的情绪如同家庭情绪的"晴雨表",时刻影响着孩子的情绪体验。这种现象在心理学上被称为"情绪同步"。当家长表现出快乐、平静或悲伤、焦虑时,孩子通过镜像神经元的作用,如同"情绪海绵"一般吸收并反映这些情绪。例如,明轩的妈妈因工作压力

大，经常愁眉不展。明轩虽然年纪尚小，却能明显感受到妈妈的压抑情绪，久而久之，他也变得郁郁寡欢，对原本喜爱的活动失去了兴趣。这就是情绪传染性在亲子关系中的生动体现。

情绪对心理发展的影响：家长的情绪状态对孩子的安全感、自尊心、自信心及情绪认知与表达能力具有深远影响。如稳定的、积极的家长情绪如同孩子心灵的"避风港"，给予他们安心成长的力量。相反，情绪波动频繁的家长可能导致孩子内心不安，影响其自尊自信的建立。此外，家长如何表达情绪，如是否接纳并合理处理自己的情绪，会成为孩子学习情绪管理的"教科书"。如果父母能够坦然面对并妥善处理情绪，孩子就更可能学会用健康的方式应对生活中的喜怒哀乐。

（二）特定类型家长情绪对孩子心理的具体影响

负面情绪的影响：长期压力、焦虑、抑郁等负面情绪，如同家庭中的隐形杀手，对孩子的心理健康构成潜在风险。梓如是一名小学五年级的学生，她的父亲因工作压力大，经常处于紧张焦虑的状态。这种情绪逐渐渗透到家庭氛围中，使小梓如时常感到不安。她开始出现失眠、食欲减退等症状，学习上也变得力不从心，成绩下滑。另一方面，家长的过激情绪，如突如其来的愤怒，也可能让孩子在心理承受力、行为模式等方面受到负面影响。在学校,她表现出过度担忧、害怕失败的心理倾向,与同学的关系也日渐疏远。

情绪不稳定的影响:小杰的妈妈情绪起伏不定,时而温柔可亲,时而严厉苛责。小杰在这种环境中感到无所适从,既渴望得到妈妈的关爱,又害怕随时可能降临的批评。这种情绪不确定性导致小杰在人际交往中表现出过度敏感、易受伤的特点,对他的同伴关系和自我认知产生了负面影响。家长情绪的频繁波动,对孩子来说如同坐上了"情绪过山车",难以适应和预测。

(三)心理问题风险

心理障碍:家长长期负面情绪与孩子出现心理障碍(如焦虑症、抑郁症、强迫症等)存在显著关联。研究显示,家长的情绪问题如未得到妥善处理,可能增加孩子罹患心理障碍的风险。

行为问题:家长情绪对孩子行为规范、冲动控制及问题解决能力也有影响。

通过以上分析,我们可以清晰看到家长情绪对孩子心理发展的深远影响以及可能带来的心理问题风险。家长的情绪管理不仅关乎自身的心理健康,更直接影响到孩子的成长历程。因此,作为家长,我们需要意识到自身情绪对孩子的影响，学习并实践科学的情绪管理方法，为孩子营造一个健康、和谐的家庭情绪氛围。就像李玫瑾教授在《心理抚养》一书中说："如果家长的问题不调整，孩子的问题也调整不了。要改变孩子，先改变大人。"

三、家长的角色转变与行动指南

（一）家长作为情绪教育者

家长不仅是孩子的养育者，更是他们情绪教育的启蒙者。这意味着，我们需要从单纯的生活照料者转变为情绪管理的导师，主动提升自我情绪觉察能力与管理技巧，为孩子树立良好的情绪榜样。

提升自我情绪觉察能力：学会识别并接纳自己的情绪，明白每个人都有喜怒哀乐的权利。例如，当家长发现自己因为工作压力而烦躁不安时，可以尝试对自己说："我现在感到很累，有些烦躁，这是正常的，我可以允许自己有这样的感受。"

提高情绪管理技巧：掌握有效的情绪调节方法，如深呼吸、正念冥想、适度运动、艺术表达等。

情绪表达的示范：以开放、诚实的态度向孩子展示如何恰当地表达情绪。如，当妈妈感到难过时，可以告诉孩子："妈妈现在有点伤心，因为……，但我知道这只是暂时的，我会找到解决问题的办法。"[3]

（二）营造健康家庭情绪氛围

定期进行家庭情绪对话：设定固定的"情绪分享时间"，鼓励全家人坦诚交流各自的感受。例如，每周末晚餐后，全家人围坐一起，每人分享本周最开心、最难过、最生气的事情，通过倾听与理解，增进亲子间的情感联结。

设立"冷静角"：在家中设置一个安静舒适的角落，供家庭成员在情绪激动时暂时独处、冷静下来。如，小美的家里有一个"心情树洞"，当她或家人感到情绪失控时，可以去那里写写画画，或者静静地坐着，直到情绪平复。

开展情绪管理游戏：借助趣味游戏，寓教于乐，让孩子在游戏中学习识别、表达和管理情绪。如，家长可以和孩子玩"情绪猜猜看"游戏，一人表演某种情绪，另一人猜测并模仿，通过互动增进对情绪的认知。

（三）案例分析与反思

正面案例：小亮的父母非常重视情绪教育，他们经常与小亮分享自己的情绪体验，并鼓励他表达自己的感受。当小亮遇到困扰时，他们会耐心倾听，引导他寻找解决问题的方法。在这种环境下，小亮成长为一个情绪成熟、乐观积极的孩子，能够妥善处理人际关系，应对生活挑战。

反思点：对比小亮的家庭，反思我们在日常生活中是否足够关注孩子的情绪需求，是否为他们提供了足够的支持和引导。比如，当孩子考试失利、与朋友争吵时，我们是否只是简单地指责他们，还是愿意花时间倾听他们的心声，帮助他们理解和处理这些复杂的情绪？

通过上述角色转变与行动指南，家长能够更好地承担起情绪教育者的责任，为孩子营造一个充满爱与理解、利于情绪健康成长的家庭环境。记住，每一次真诚的倾听、每一次温暖的拥抱、每一次耐心的引导，都是对孩子情绪世界最珍贵的投资。

第二节

孩子情绪管理要点

一、情绪认知与表达

（一）情绪识别训练

情绪，就像天空中变幻莫测的云朵，有时晴空万里，有时乌云密布。让孩子学会识别这些"情绪云朵"，是情绪管理的第一步。在孩子年龄小的时候，家长可以通过故事、动画、情绪卡片等多种方式，引导孩子认识并命名各种情绪，如快乐、悲伤、愤怒、恐惧、惊讶、厌恶等。比如，当孩子看到动画片中的角色笑逐颜开，家长可以问："你觉得他现在是什么感觉？对，他很开心！"这样，孩子就能逐渐建立起对情绪的基本认知。

除了识别基本情绪,还要教会孩子理解情绪的多元表达。面部表情是最直观的情绪信号,家长可以与孩子一起观察、模仿各种表情,如皱眉代表生气,噘嘴表示伤心,眼睛瞪大可能是惊讶。此外,身体语言和语音语调也是情绪的重要载体。比如,双手紧握、肩膀耸起可能是紧张的表现;说话声音低沉、语速缓慢可能意味着沮丧。通过这些练习,孩子将学会"读"懂他人的情绪密码,也能更好地识别并表达自己的情绪。

(二)鼓励情绪表达

在许多家庭中,我们常听到这样的话:"别哭,有什么好哭的?""男孩子不能动不动就生气。"殊不知,这样的"情绪禁令"可能会让孩子误以为某些情绪是不被允许的,从而选择压抑自己的真实感受。实际上,所有的情绪都是人性的一部分,无论是喜悦还是悲伤,都应该被看见、被接纳。

因此,家长应努力营造一个安全、接纳的环境,让孩子知道,无论他们感受到何种情绪,都可以放心地说出来。当孩子因为玩具被抢走而哭泣时,家长可以说:"我知道你现在很难过,你想哭就哭一会儿吧,妈妈在这里陪着你。"当孩子因为赢得比赛而欢呼雀跃时,家长可以回应:"看把你高兴的!来,给妈妈讲讲你是怎么做到的!"这样,孩子就会明白,他们的情绪是被理解和尊重的,自然也就更敢于、更愿意表达自己的感受了。

总之,通过情绪识别训练和鼓励情绪表达,我们帮助孩子建立了对情绪的基本认知,学会了"读"懂他人的情绪,也敢于、善于表达自己的情绪。这些都是孩子情绪管理的重要基石,将为他们未来的情绪成长奠定坚实的基础。

二、情绪理解和接纳

(一)共情式倾听

共情,就是穿上别人的情绪鞋子,去体验他们的喜怒哀乐。家长可以通过共情式倾听,帮助孩子理解他人的情绪。当孩子讲述学校里发生的冲突时,家长不要急于评判或提建议,而是用心倾听,用语言或肢体动作反馈:"哦,原来小明拿走了你的画笔,你感到很生气,对吗?"这种反馈不仅让孩子感到被理解,还让他们明白,每个人的行为背后都有其特定的情绪驱动,有助于培养孩子的同理心。

（二）情绪书籍阅读

对于较小的孩子，比如小学阶段，情绪绘本是他们认识世界的窗口，这些色彩斑斓、故事生动的书籍，能形象地展示各种情绪的产生、变化过程，以及应对情绪的有效策略。比如，《菲菲生气了》描绘了一个小女孩从愤怒到平静的心路历程，让孩子理解愤怒是可以被管理和释放的；《我好难过》则通过一只可爱的小天竺鼠的故事，教孩子如何面对并接纳自己的负面情绪。亲子共读时，家长可以引导孩子讨论故事中人物的感受，让他们在故事中找到共鸣，深化对情绪的理解和接纳。

在中学这一人生的重要成长阶段，孩子们正经历着身心发展的剧变，适时地引导他们阅读诸如《蛤蟆先生去看心理医生》这类既富有趣味性又蕴含深刻心理洞见的书籍，无疑是一种明智之举。这些书籍以生动的叙事手法，巧妙地将心理学的智慧融入引人入胜的故事之中，不仅能够有效缓解青春期可能带来的情绪波动与困惑，还能激发孩子们对自我认知与情绪管理的兴趣。

通过共同探索书中的世界，孩子们能够在轻松愉快的氛围中学习如何面对和处理自己的情感，而家长们则有机会深入了解孩子的内心世界，增进彼此的理解与共鸣。这一过程不仅促进了孩子情绪修养的提升，也为家长提供了宝贵的亲子沟通契机，让双方在相互支持与学习中共同成长，携手构建一个更加和谐、亲密的亲子关系。

（三）情绪实验室

生活本身就是最好的情绪课堂。家长可以利用日常生活中的小事，创造"情绪实验室"，让孩子亲身体验并处理不同情境下的情绪。比如，当孩子因等待冰淇淋做成而焦躁不安时，家长可以借此机会说："你现在是不是觉得有点着急？没关系，我们一起数到100，看看冰淇淋会不会变凉快些。"或者，当孩子因失去心爱的玩具而伤心时，家长可以提议："我们一起做个'悲伤盒子'，把你的思念写下来，放进盒子里，这样就不会丢掉那份珍贵的记忆了。"通过这些实践，孩子不仅能学会具体的应对策略，还能在实际操作中增强对情绪的理解和接纳能力。

总的来说，通过共情式倾听、情绪绘本阅读和情绪实验室，我们为孩子搭建了一座理解他人、接纳自我的情绪桥梁。这座桥连接着理智与情感，让孩子在认识情绪、理解情绪的过程中，学会以开放的心态接纳每一种情绪，无论是自己的，还是他人的，都能视为生命中不可或缺的色彩，丰富他们的人生画卷。

三、情绪调控与应对策略

（一）情绪识别与命名

情绪调控的第一步，是教会孩子识别并准确命名自己的情绪。如同学习颜色，孩子需要知道什么是"快乐红""悲伤蓝""愤怒橙"。家长可以设计一些小游戏，如"情绪猜猜看"：用表情卡片或表演方式让孩子猜测对应的情绪，反之亦然，孩子模仿情绪，家长来猜。这样的互动既能增进亲子关系，又能提升孩子的情绪识别能力。

（二）情绪表达与沟通

鼓励孩子以恰当的方式表达情绪，是情绪调控的重要环节。家长可以示范并引导孩子用语言而非行为来传达情绪，比如："我现在感到有点沮丧，因为我的积木塔倒了。"同时，教导孩子在表达情绪时尊重他人，避免攻击性言辞。此外，家长应积极回应孩子的情绪表达，让他们感受到自己的情绪是被看见、被接纳的。

（三）情绪调节技巧

深呼吸法：简单易学的深呼吸可以帮助孩子快速平复情绪。家长可以教孩子"5秒吸气，5秒呼气"的腹式呼吸法，配合"吹泡泡"或"吹蜡烛"的游戏练习，使孩子在愉快的氛围中掌握这一技能。

情绪日记：鼓励孩子记录每天的情绪变化及触发事件，不仅可以提高情绪觉察力，还有助于他们反思情绪产生的原因，逐渐学会自我调整。家长可以陪伴孩子挑选可爱的日记本，一起制定记录规则，让写情绪日记成为一种习惯。

艺术疗法：绘画、音乐、舞蹈等艺术形式是孩子表达情绪的天然媒介。当孩子情绪波动较大时，不妨引导他们通过创作来释放情绪，如画一幅《愤怒的火山》，或是随着欢快的音乐跳舞，将负面情绪转化为有形的艺术作品。

（四）家庭情绪氛围营造

家庭是孩子学习情绪管理的第一课堂。家长应努力营造一个开放、接纳、支持情绪表达的家庭环境。当家长自身遇到困扰时，可以适度示弱，向孩子展示自己如何处理情绪，如："妈妈现在有些焦虑，我要先做几个深呼吸冷静一下。"这样的示范让孩子看到成人也会有情绪，且有办法应对，从而树立良好的情绪榜样。

总之，通过情绪识别与命名、情绪表达与沟通、教授情绪调节技巧以及营造健康的家庭情绪氛围，我们为孩子编织了一张坚实的情绪防护网。这张网既能保护他们免受过度情绪的冲击，又能助力他们在生活的风浪中游刃有余，成长为情绪智慧满格的小舵手。

四、情绪的社会化功能与人际互动

（一）情绪的社会信号作用

情绪就像人际交往中的交通信号灯，红绿黄各有其意。快乐的笑容是友谊的邀请函，悲伤的眼泪呼唤着关怀与安慰，愤怒的脸色警示他人保持距离。孩子通过理解并正确解读他人的情绪信号，能更好地适应社交环境，避免误解与冲突，建立和谐的人际关系。家长可以借助故事书、动画片等媒介，与孩子共同探讨角色的情绪变化及其对情节发展的影响，增强他们的情绪理解力。

（二）情绪感染与共鸣

情绪具有极强的传染性，尤其在群体中，人们的情绪容易相互影响，形成所谓"情绪共鸣"。想象一下，当孩子走进一片欢声笑语的游乐场，很难不被快乐气氛所感染，嘴角自然上扬。同样，面对朋友的伤心，孩子也可能会感同身受，想要给予安慰。家长应引导孩子理解这种情绪传递现象，学会控制"情绪病毒"的传播，既不让负面情绪轻易侵入内心，也不随意散播自己的坏心情。

（三）情绪调控与社交技巧

情绪调控能力直接影响孩子的社交表现。能够妥善管理情绪的孩子，更可能展现出合作、分享、同理心等积极社交特质，赢得同伴喜爱。例如，当玩具争夺战一触即发时，懂得冷静下来、协商解决的孩子，显然比暴跳如雷、大打出手的孩子更能收获友谊的小船。家长可通过角色扮演、模拟社交场景等方式，帮助孩子练习在不同情绪状态下运用有效的沟通技巧，如倾听、表达感受、提出解决方案等。

（四）情绪智慧与人际关系质量

情绪智慧不仅关乎个体的心理健康，更是人际交往中的"软实力"。具备高情绪智慧的孩子，懂得适时表达情绪以获得支持，理解他人情绪以增进亲密，调控负面情绪以维护和谐，他们的朋友圈往往更加宽广，人际关系更为融洽。家长应鼓励孩子在日常生活中积极运用所学的情绪知识,如主动关心朋友的心情,用合适的方式安慰难过的朋友,或者在自己生气时选择冷静处理而非冲动行事。这样,情绪就不再是人际交往中的绊脚石,而是架起心灵桥梁的神奇黏合剂。

第五章
校园学生心理干预

第一节

中小学生心理干预测评量表

一、心理健康量表结构

（一）小学阶段（6～12岁）心理健康量表结构

随年龄的增长小，学生活动范围扩大，阅历增加，出现的心理问题增多。学习活动逐渐取代游戏成为小学生生活重要内容并对小学生的身心健康产生重大的影响：小学儿童与父母、教师的关系发生质的改变：从依赖走向自主，从对权威的完全信服到开始表现出富有批判性的怀疑和思考，与此同时，具有更加平等关系的同伴关系交往日益在儿童生活中占据重要地位。

(二)中学生心理健康量表的结构

初中阶段（12～15岁）和高中阶段（15～18岁）是个体身体发育的鼎盛时期及性成熟时期，生理上的成熟促使中学生认知能力及个性发生了很大变化，尤其是自我意识的突然高涨及迅速成熟导致中学生同一种心理特质具体表现形式发生很大变化；心理上旧有的平衡状态被打破而新的平衡尚未建立导致心理整合的持续性环节和统一性环节都出现暂时的混乱，结果使初中学生容易出现消极心态；而思维发展的成熟和自立需求的不能满足致使高中学生牢骚满腹，学习活动在此阶段无疑占据着最重要的地位，高中生更面临巨大的升学压力、学业不良、学习压力、考试焦虑等问题接踵而至。对中学生的多数研究发现，有关学习引起的心理健康问题十分突出。

二、症状自评量表（SCL-90）

SCL-90是由L. R. Derogatis编制（1973），它是由90个项目所组成的精神症状自评量表，量表包含比较广泛的精神疾病的症状，如感知、思维、情感、行为、人际关系、生活习惯等方面的障碍。

评定时间：可以评定一个特定的时间，通常是评定一周以来的时间。

评分等级：分为五级评分（0～4级），0=无，1=轻度，2=中度，3=相当重，4=严重。有的也用1～5级，在计算实得总分时，应将所得总分减去90。SCL-90除了自评外，也可以作为医生评定病人症状的一种方法。

指导语：以下表格中列出了有些人可能有的病痛或问题，请仔细阅读每一条，然后根据最近一星期以内（或过去）下列问题影响你或使你感到苦恼的程度，在方格内选择最合适的一格，画一个"√"。请不要漏掉问题。

举例：下列问题对你影响如何？

症状自评量表（SCL-90）

	从无	轻度	中度	严重	偏重
1. 头痛	☐	☐	☐	☐	☐
2. 神经过敏，心中不踏实	☐	☐	☐	☐	☐
3. 头脑中有不必要的想法或字句盘旋	☐	☐	☐	☐	☐
4. 头昏或昏倒	☐	☐	☐	☐	☐
5. 对异性的兴趣减退	☐	☐	☐	☐	☐
6. 对旁人责备求全	☐	☐	☐	☐	☐
7. 感到别人能控制您的思想	☐	☐	☐	☐	☐
8. 责怪别人制造麻烦	☐	☐	☐	☐	☐
9. 忘性大	☐	☐	☐	☐	☐
10. 担心自己的衣饰是否整齐及仪态是否端正	☐	☐	☐	☐	☐

续表

	从无	轻度	中度	严重	偏重
11. 容易烦恼和激动	□	□	□	□	□
12. 胸痛	□	□	□	□	□
13. 害怕空旷的场所或街道	□	□	□	□	□
14. 感到自己的精力下降，活动减慢	□	□	□	□	□
15. 想结束自己的生命	□	□	□	□	□
16. 听到旁人听不到的声音	□	□	□	□	□
17. 发抖	□	□	□	□	□
18. 感到大多数人都不可信任	□	□	□	□	□
19. 胃口不好	□	□	□	□	□
20. 容易哭泣	□	□	□	□	□
21. 同异性相处时感到害羞和不自在	□	□	□	□	□
22. 感到受骗，中了圈套或有人想抓住您	□	□	□	□	□
23. 无缘无故地突然感到害怕	□	□	□	□	□
24. 自己不能控制地大发脾气	□	□	□	□	□
25. 怕单独出门	□	□	□	□	□
26. 经常责怪自己	□	□	□	□	□
27. 腰痛	□	□	□	□	□
28. 感到难以完成任务	□	□	□	□	□
29 感到孤独	□	□	□	□	□
30. 感到苦闷	□	□	□	□	□
31. 过分担忧	□	□	□	□	□
32. 对事物不感兴趣	□	□	□	□	□
33. 感到害怕	□	□	□	□	□
34. 您的感情容易受到伤害	□	□	□	□	□

续表

	从无	轻度	中度	严重	偏重
35. 旁人能知道您的私下想法	□	□	□	□	□
36. 感到别人不理解您、不同情您	□	□	□	□	□
37. 感到人们对您不友好，不喜欢您	□	□	□	□	□
38. 做事必须做得很慢以保证做得正确	□	□	□	□	□
39. 心跳得很厉害	□	□	□	□	□
恶心或胃部不舒服 40.	□	□	□	□	□
41. 感到比不上他人	□	□	□	□	□
42. 肌肉酸痛	□	□	□	□	□
43. 感到有人在监视您、谈论您	□	□	□	□	□
44. 难以入睡	□	□	□	□	□
45. 做事必须反复检查	□	□	□	□	□
46. 难以作出决定	□	□	□	□	□
47. 怕乘电车、公共汽车、地铁或火车	□	□	□	□	□
48. 呼吸有困难	□	□	□	□	□
49. 一阵阵发冷或发热	□	□	□	□	□
50. 因为感到害怕而避开某些东西、场合或活动	□	□	□	□	□
51. 脑子变空了	□	□	□	□	□
52. 身体发麻或刺痛	□	□	□	□	□
53. 喉咙有梗塞感	□	□	□	□	□
54. 感到前途没有希望	□	□	□	□	□
55. 不能集中注意力	□	□	□	□	□
56. 感到身体的某一部分软弱无力	□	□	□	□	□
57. 感到紧张或容易紧张	□	□	□	□	□

续表

	从无	轻度	中度	严重	偏重
58. 感到手或脚发重	□	□	□	□	□
59. 想到死亡的事	□	□	□	□	□
60. 吃得太多	□	□	□	□	□
61. 当别人看着您或谈论您时感到不自在	□	□	□	□	□
62. 有一些不属于您自己的想法	□	□	□	□	□
63. 有想打人或伤害他人的冲动口	□	□	□	□	□
64. 醒得太早	□	□	□	□	□
65. 必须反复洗手、点数	□	□	□	□	□
66. 睡得不稳、不深	□	□	□	□	□
67. 有想摔坏或破坏东西的想法口	□	□	□	□	□
68. 有一些别人没有的想法	□	□	□	□	□
69. 感到对别人神经过敏	□	□	□	□	□
70. 在商店或电影院等人多的地方感到不自在	□	□	□	□	□
71. 感到任何事情都很困难	□	□	□	□	□
72. 一阵阵恐惧或惊恐	□	□	□	□	□
73. 感到公共场合吃东西很不舒服	□	□	□	□	□
74. 经常与人争论	□	□	□	□	□
75. 单独一人时神经很紧张	□	□	□	□	□
76. 别人对您的成绩没有做出恰当的评价	□	□	□	□	□
77. 即使和别人在一起也感到孤单	□	□	□	□	□
78. 感到坐立不安心神不定	□	□	□	□	□
79. 感到自己没有什么价值	□	□	□	□	□
80. 感到熟悉的东西变成陌生或不像是真的	□	□	□	□	□
81. 大叫或摔东西	□	□	□	□	□

续表

	从无	轻度	中度	严重	偏重
82. 害怕会在公共场合昏倒	□	□	□	□	□
83. 感到别人想占您的便宜	□	□	□	□	□
84. 为一些有关性的想法而很苦恼	□	□	□	□	□
85. 您认为应该因为自己的过错而受到惩罚	□	□	□	□	□
86. 感到要很快把事情做完	□	□	□	□	□
87. 感到自己的身体有严重问题	□	□	□	□	□
88. 从未感到和其他人很亲近	□	□	□	□	□
89. 感到自己有罪	□	□	□	□	□
90. 感到自己的脑子有毛病	□	□	□	□	□

SCL-90 自评量表评分标准

SCL-90 的统计指标主要有以下各项，其中最常用的是总分与因子分。

1. 单项分：90 个项目的各个评分值。

2. 总分：90 个单项分相加之和。

3. 总均分：总分/90。

4. 阳性项目数：单项分≥ 2 的项目数。表示病人在多少项目中呈现"有症状"。

5. 阴性项目数：单项分 =1 的项目数，即 90- 阳性项目数。表示病人"无症状"的项目有多少。

6.阳性症状均分：阳性项目总分/阳性项目数；另一计算方法为（总分–阴性项目数）/阳性项目数。表示病人在所谓阳性项目，即"有症状"项目中的平均得分，反映该病人自我感觉不佳的项目，其严重程度究竟介于哪个范围。

7.因子分：共包括9个因子，其因子名称及所包含项目为：

（1）躯体化：包括1、4、12、27、40、42、48、49、52、53、56和58，共12项。该因子主要反映主观的身体不适感。

（2）强迫症状：3、9、10、28、38、45、46、51、55和65，共10项，反映临床上的强迫症状群。

（3）人际关系敏感：包括6、21、34、36、37、41、61、69和73，共9项。主要指某些个人不自在感和自卑感，尤其是在与他人相比较时更突出。

（4）抑郁：包括5、14、15、20、22、26、29、30、31、32、54、71和79，共13项。反映与临床上抑郁症状群相联系的广泛的概念。

（5）焦虑：包括2、17、23、33、39、57、72、78、80和86，共10个项目。指在临床上明显与焦虑症状相联系的精神症状及体验。

（6）敌对：包括11、24、63、67、74和81，共6项。主要从思维、情感及行为三个方面来反映病人的敌对表现。

（7）恐怖：包括13、25、47、50、70、75和82，共7项。它与传统的恐怖状态或广场恐怖所反映的内容基本一致。

（8）偏执：包括8、18、43、68、76和83，共6项。主要是指猜疑和关系妄想等。

（9）精神病性：包括7、16、35、62、77、84、85、87、88和90，共10项。其中有幻听、思维播散、被洞悉感等反映精神分裂样症状项19、44、59、60、64、66及89共7个项目，未能归入上述因子，它们主要反映睡眠及饮食情况。我们在有些资料分析中，将之归为因子10——"其它"。

第二节 心理问题发现、上报与干预

一、中学生心理健康常见问题及产生原因

（一）中学生心理健康存在的主要问题

在现今经济不断增长的同时，教育改革也日渐成熟及完善，中学生存在的诸多心理健康隐患也渐渐浮现出来，得到了社会各界的广泛关注。健康的心理状态是学生进行正常的学习、生活以及人际交往的保障。在实际学习生活中，中学生存在的心理健康问题具体表现在以下几个方面：

1.适应能力问题

中学生因为适应能力差，会导致一系列问题。随着年级的递增，旧有的学习方式不适应新的变化，伴随着学生本身学习的目的不明确、动力缺乏、态度不端正等，对学习产生厌烦和失落感，同时学习目标模糊、动力不够以及态度不端正等现象导致了学习问题的产生。另外学习环境的变迁，班级集体的改变，以及教师讲课方式的不同，都是对中学生自身适应能力的考验。

2. 性格与情绪问题

中学生大多是独生子女，娇生惯养，抗挫能力低，适逢青春期，爱激动、易暴躁，不会控制情绪，处理问题不计后果，严重影响精神状态。性格问题大多和学生自己的成长过程息息相关，产生的原因也是比较复杂的，在心理问题上属于比较严重的一种，包括自卑、偏激以及孤僻等等。由于性格问题，在面对日常学习和生活中的各种情况时，处理不当，缺乏合理有效的解决自身问题的方法，就会产生相应的情绪问题，比如焦虑、紧张、恐惧等，目前焦虑的情绪问题在学生中普遍存在，中学生普遍在面临考试时会产生巨大的压力，同时还伴随着焦虑的情绪，不良情绪不但影响学生学习，而且也有可能损害学生身心健康。

3. 网络成瘾问题

"网络成瘾"的概念是由美国心理学家格登博格提出的，主要表现在个体没有外力的作用下放任自己失去控制地过度上网，最终危害身心健康。包括色情、网络上的交际以及游戏的成瘾等。其中游戏成瘾在中学生乃至大学生中都普遍存在，随着网络的普及，学生不但可以在家中轻松联网游戏，新兴的"网咖"更是学生们最爱的去处，既可以逃避老师、家长，又可以众人联机，一起"作战"。网络成瘾严重危害青少年的健康成长，有关网络成瘾造成的悲惨后果时有报道："沉迷游戏荒废学业甚至形成暴力倾向""为游戏充值偷盗抢劫""陷于网恋离家出走后被骗"等等，这些悲剧屡见不鲜，严重影响了中学生正常的学习和生活。

4. 人际交往问题

人是存在于社会的，每个人背景、价值观以及个性等方面都是独一无二的，人际交往的顺利与否影响着每个个体的工作、生活以及情绪。简单来说人际关系是人和人在社会上交往的关系，和一个人全部生活时间都是息息相关的。中学时段是人一生的重要时段，在身体不断发育成长的过程中，青少年的心理日趋独立，他们一方面对社会有各种强烈的需求，另一方面又对复杂的社会缺乏合理的认识，继而发现理想与现实之间存在着差距，这种心理发展的不平衡往往会造成心理上的交往障碍，突出体现方式有多疑、自私以及逆反等。再加上现在的中学生多是独生子女，以自我为中心，缺乏必要的交往技巧，我行我素，不合群，与他人格格不入，严重影响与老师和同学的交往关系。

5. 恋爱与性心理问题

中学生恋爱问题已日益成为一个社会问题而备受关注，中学生处于青年早中期，性发育成熟是重要特征，恋爱与性问题是不可避免的，恋爱问题一般包括单相思、恋爱受挫、恋爱与学业关系问题、情感破裂后的报复心理问题等等。中学恋爱主要呈现两个主要特点：一是恋爱普遍化、低龄化；二是恋爱动机多元化。只有少数人是怀着许下一生承诺的心理谈恋爱的，大多数还是因为对恋爱的好奇以及新鲜感，或是纯粹无聊以及跟风才恋爱的。性心理问题常见的有手淫困扰，个别还有过早性行为、校园同居等问题引起的恐惧、焦虑、担忧等等。性教育科学知识普及力度不够，学校老师和家长刻意回避，无法消除他们对于异性的神秘感，错失了建立健康性意识的关键时机。

6. 神经症问题

神经官能症简称为神经症，包含着一系列的心理病症，如神经衰弱、强迫症、焦虑症、恐怖症、躯体形式障碍等等，患者深感痛苦且妨碍心理功能或社会功能，但没有任何可证实的器质性病理基础，病程大多持续迁延或呈发作性。神经官能症的症状复杂多样，有的头痛、失眠、记忆力减退；有的则有心悸、胸闷、恐怖感等。其特点是症状的出现与变化与精神因素有关。中学生心理问题大多由于现实刺激引发的情绪障碍，属于一般心理问题，少数严重的问题因为长时间得不到及时的处理，才会演变成神经症性问题，神经症临床表现为长期出现失眠、抑郁以及强迫等，这些心理病症不是简单的可以自我解决的，而是要借助专业心理治疗来解决。

（二）中学生心理健康常见问题产生的原因

1. 生理、心理因素

步入青春期的中学生有着其独特的心理特点，包括心理认知飞速育和成长，生理上加速发展，对性有更强的认知，想交往异性的想法更强烈；智力不断发展，形象思维转变成抽象逻辑思维；渴望独立，有独特的思考和想法，自我评价不准确，容易产生烦恼；同时人际交往欲望强烈，对于自己熟悉的集体，有强烈的归属感和依赖性。中学生的心理矛盾可以简单概括为下面几个方面：（1）独立性和依赖性的矛盾处在青春期的中学生显现出来最明显的特点是追求独立的行为和态度，现为想要迈入成人行列的迫切感，例如生活上不会事事向父母报告，注重自己的隐私和独立空间，对父母的干涉容易反感；对事情有自己的思考和意见，并且认定自己的观点而拒绝父母的观点；对一些传统、权威的结论抱着怀疑态度，提出相反的批评言辞。但毕竟还在成长期，很多事情未亲身经历过，看待事物比较片面，所以常常遭遇挫折，而且经济、生活以及思想各方面都还需要父母的帮助，父母的权威也在让其不断屈服。（2）成人感与幼稚感的矛盾当中学生正处在青春期时，觉得自己已经成年，所以在很多方面都表现出"成年人"的样子，如社会交往、思维认识以及行为活动等。在心理希望得到别人认可，但是年龄不足，缺乏社会经验和生活经验，思想和行为上仍然具有盲目性，容易冲动。（3）渴求感与压抑感的矛盾因为性成熟和性发育，中学生在青春期的时候表现出了渴望与异性交往的冲动。但由于社会舆论、家庭以及学校等多方面的限制和约束，使得这些中学生处于一种不好意思又非常渴望的矛盾状态。（4）自制性和冲动性的矛盾中学生在青春期时也有了更强的自制性和自觉性，在与他人的交往中，他们主观上希望自己能随时自觉的遵守规则，但是客观上又很难控制自己的情绪，很容易冲动行事，让自己处在又冲动又想自制的纠结中。

2. 家庭因素

作为中学生的第一成长环境，家庭对于学生心理健康有着非常重要的作用。不良的家庭环境或者不当的教育方式,都很容易让学生出现逆反心理。在中学生心理健康发展方面,家庭所起到的作用主要包括下面几个方面:(1)父母关系及其子女关系根据相关研究显示,学生出现心理问题最大的原因就是和父母之间的关系过于紧张。因为家庭关系紧张而造成的创伤,会对学生的性格产生一系列不积极的反应,并且还可能引发神经、心理类疾病。在生活中,父母关系不和主要表现为从经常发生矛盾冲突发展到隐形离婚或者直接离婚,在这个过程中,孩子从父母相处中得到的只是反面的经验,缺乏人与人之间的信任,过早的对孩子心理产生消极影响,不少孩子会对自己的父母产生反感,甚至怨恨,行为缺乏自制力,思想偏激,情绪易怒,对生活缺乏热情。此外,随着社会信息化的增强,信息的传播速度比过去要快很多,在信息如此泛滥的情况下使得子女能够自主的获得各种信息。这就给子女和父母之间的关系带来了相应的问题,长久以来父母"信息垄断"的局面已经被打破,子女们已经不再像以前那样对父母言听计从,甚至奉若神明,父母在子女面前的威望形象受到了影响。(2)家庭教养方式所谓"家庭教养方式",即父母对孩子进行教育抚养的方式。家庭教育不但对学生的心理健康有直接影响,更重要的是对其在学校受到的教育也会有消极或积极的影响。如果父母的教育方式不正确,如

"经常打骂""态度不一""歧视"等,都会使得这些家庭的孩子相比其他家庭更容易出现心理问题。美国的心理学家鲍姆林德曾经对父母教育孩子的方式进行分类,即:民主型、权威性、放任型以及专断型。不同的教育类型,会对子女的心理健康造成不同的影响。民主型的教养方式会让孩子的个性意识和独立性更强,和他人交往的时候更顺畅;权威型的教养方式使子女获得足够的安全感,自立自信,有探索精神;放任型的教养方式使得子女心理上的放任色彩也很强烈,表现在个性不成熟、抵触、敌视以及失望等;专断型的方式更容易让子女产生不满情绪,导致他们出现不信任他人、畏缩等不良心理特征。由此可见,父母的教养方式对学生的个性、智力以及可能存在的性格缺陷都有一系列的关系。(3)家庭其他重大生活事件突如其来的家庭变故会对中学生的心理造成极大影响,例如父母离婚、父母失业、亲人生病、去世等等。父母离异"夫妻离异"产生于现在的文明社会,可是在中国,出现了很多"闹离婚"、"打离婚"的现象,这就与文明社会所赋予的权利背道而驰。离婚出现的诸多问题不但使得夫妻双方心力交瘁,更主要的是会对子女的心理造成影响。父母离异家庭的子女,在学业智力以及情绪控制方面,都和完整家庭的子女有很明显的差别。尤其是在父母离异的前两年,子女往往都表现出了很明显的焦虑性、依赖性、攻击性以及反社会等行为。父母失业，在当今社会，很多学生不得不面对的一个问题，就是父母失业。因自身为失业而造成的焦虑、失望、恐惧等消极情绪也会通过家庭气氛影响到孩子。一方面，家庭经济消费水平的突然改变，适应这一过程需要时间；另一方面，父母失业本身对于青春期的孩子来说是一件"不光彩"的事，为此会担心他人的眼光，进而影响到学习和生活。亲人生病、离世，有的孩子从小是被爷爷、奶奶、姥姥、姥爷抚养长大，同长辈有着很深的感情，突然长辈被诊断出患了重病甚至不幸离世，面对这种突发性打击，很多孩子都无法面对，不知如何是好。通常情况下，子女的心理状态会随着时间的推移而渐渐好转，不过依然有小部分孩子因为心里承受能力弱，经不住打击，终日沉浸在悲伤的情绪之中，加上家长没有及时沟通处理，继而会引发各种心理行为问题。

3. 社会因素

每个人都是生活在社会中的，没有办法完全脱离社会而存在，中学生也是在一定的社会环境中生活的，所以无法避免受到一定社会文化、环境、风气等因素的影响。

（1）社会环境从广义上讲范围很大，但是针对中学生来说，能影响中学生的社会环境是指周围社会的文化背景、社会意识等，从狭义上来说即风俗习惯、道德观等。社会环境通过社会信息来影响学生的心理健康，而在信息获得方面，中学生主要通过电视、报纸、杂志、书籍、电影等媒介，随着电子传媒的发展，目前以00后以及90后为主的中学生主要通过微博、微信、QQ等渠道获取信息。健康的社会信息，有助于中学生的心理健康发展，而不健康的社会信息因为没法控制其传播途径，则会造成种种隐患，比如暴力血腥的游戏、涉黄视频内容，容易引起中学生的攻击或犯罪行为的发生。

（2）社会风气作为影响中学生心理健康的社会因素，社会风气可以通过传媒、同伴以及家庭对学生心理健康发展进行干预。不良的社会风气，会使得学生树立不正确的价值观、人生观和世界观。例如社会上"向钱看""走后门"等不正之风，都很容易对中学生的心理进行负面导向，使其产生错误的人生观。只有社会、家庭和学校都共同对不良社会风气进行抵制，推行健康的社会风气，净化社会环境，才能培养起中学生的健康心理。

（3）学习生活环境不同生活学习环境的学生，会因为环境污染、人口密度以及城乡差异等和人们生存密切相关的因素，而产生不同的心理健康状态。在大城市中，因为社会环境和物理环境的变化极快，产生了大量的信息。这些信息因为无法被短时间消化，过量的信息使得人们的心理承受能力超过负荷。而城市的拥挤，则更容易引发争吵和矛盾，造成学生的心理压力也随之增加；另一方面，学校以及社会过分强调升学率，以分数说明一切，都容易促使学生焦虑情绪的产生，进而引发典型的考试焦虑等症状。综上所述，中学生的心理健康问题一方面是由于青春期带来的生理、心理变化；另一方面主要是由于社会环境和家庭成长环境对其产生的影响。教育的最终目标是为学生提供良好的成长环境，引导学生把握好成长的方向，而不是替代其成长。我们一定要考虑到教育可能存在一种危险：教给学生的东西不一定都是适合的，甚至有些内容对其发展来说可能是消极的，因此，老师必须审慎的思考、决定教给学生什么以及怎么教，必须清醒的认识到我们正在做的事情是在给学生创造良好的发展条件还是在"代替"学生成长。面对学生可能发生的心理问题，防患于未然，积极关注和帮助，做到共同成长，实现教育的真正目的。

二、中学生心理健康教育遵循的干预

（一）发展、预防与矫治相结合原则

矫治学生不良行为，主要针对的是少数有心理问题的学生，中学

生心理健康教育更应该面向全体学生进行的，所以应该大力推广心理健康课程的普及工作，在中学生心理教育工作中，采取预防为主，矫治为辅的原则。考虑到社会和时代的发展性与中学生自身发展，因此坚持发展、预防与矫治相结合原则，更好地开展中学生心理健康教育工作。

（二）心理健康教育与文化课相结合原则

中学生心理健康教育仅靠一门专业课的方式，很难完成解决中学生诸多心理问题任务，还应该将心理健康教育的渗透在各科文化课教学中，开展全方位的心理健康教育工作，在所有中学的教育工作中促使中学生形成正确的人生观、价值观和世界观，才能较好地完成中学生心理健康教育的任务，实现中学生健康全面的发展。

（三）团体辅导与个别咨询相结合原则

中学生心理健康教育的对象是全体学生。但由于少数学生具有较为典型的心理和行为问题，因此也应该考虑把单独个体作为教育的对象。因此，在教育和辅导的过程中，应各有其侧重点和方法。团体辅导主要侧重于团体活动，解决的大多是的是一般性、共性的问题，而个别咨询则是依据学生个体差异，解决其特殊性问题。在实施中学生心理辅导过程时，充分利用团体优势，突出以团体活动为主，把心理健康教育的内容渗透在灵活多样的活动中，注重在团体活动过程中产生的教育作用，让学生在参与中获得成长与发展。

（四）阶段性与连续性相结合原则

中学生在不同时期心理发展都具有其阶段性，从整体来看，中学生身心发展的过程遵循着一定的自低向高的规律，具有连续性。心理健康教育是一个长期的跟踪教育，它围绕着人们的生活和学习，每一个阶段的结束也意味着新的教育的开始，所以应该努力做到阶段性与连续性相结合，既关注中学生不同阶段的心理特性，又关注整体发展趋势，使心理健康教育的时效性得以延续，让心理健康教育真正落到实处。

（五）普遍性与特殊性相结合的原则

中学生心理健康问题即具有普遍共性问题，也具有特殊性问题。中学生心理健康教育是面向全体中学生，所以既要关注普遍共性问题，又要侧重个别特殊化情况，比如由情绪问题导致的神经症心理障碍，

情绪管理：中小学生成长必修课

如神经衰弱、强迫症、焦虑症、恐怖症、躯体形式障碍等等，普遍性与特殊性相结合，全面解决中学生面临的各种实际心理健康问题。

三、中学生心理健康的主要教育方法

良好的心理素质是人的全面素质中的重要组成部分。中学生正处于发展的重要时期，随着生理、心理的发育和发展、社会阅历的扩展及思维方式的变化，在学习、生活、人际交往、自我意识等方面，会遇到各种各样的心理困惑或问题。因此，开展心理健康教育，是学生健康成长的需要，是推进素质教育的必然要求。

（一）开设心理辅导课程

心理辅导课程即指促进学生心理健康发展的系列专题活动，包括心理知识讲座、心理训练、专题辨析、情境设计、角色扮演、游戏辅导等等。心理辅导课程实际上也是一种集体辅导的综合形式，通过小组活动的设计，把个体的动机需求与团体目标结合起来，依靠团体的内聚力，借助团体的动力，使成员对团体内部所建立起来的一定规范和价值产生遵从，使团体行为有力地影响个体行为，并促进个体逐步达到自我认识、自我成长。

（二）开展专业心理咨询

学校设立心理辅导工作室，有序开展学生心理辅导活动。主要开展专业的心理咨询，分为团队和个别辅导，除此之外，还可通过"热线"电话和"知心"信箱等方式来解决学生的心理困惑。按照咨询的对象，心理咨询可以分为个别咨询和团体咨询。个别咨询指咨询者和咨询对象一对一的咨询关系，它具有针对性强、双方沟通多、易建立良好的关系等特点。个别咨询的基本要点是咨询者与咨询对象必须建立一种平等的信任关系，以利于咨询对象自己发现问题、解决问题。

（三）重视日常教学渗透

心理健康教育具有长期性和广泛性，不仅仅限于心理辅导活动课程以及专业心理咨询，而是应该渗透到学校的一切教育教学活动中，可以说，学校的一切工作都应当包含着深刻的心理健康教育的意义。教学工作是学校教育工作的中心环节，心理健康教育不能脱离学校的中心工作一味地孤立进行，应寓于有关学科的教学中。担任各学科教学的教师在向学生传授学科知识的同时，都可以通过自己的教学对学生进行心理教育，渗透心理健康教育的目标、内容和方法。何况学生的各种心理品质也是在学习过程中表现出来并得到发展的。教师应该通过课堂气氛的营造、学习策略的训练、学习动机的激发、学习行为的指导、学习习惯的培养等方面有意识、有目的地进行心理教育。

（四）大力宣传心理知识

开展舆论宣传，加强阵地建设。开展心理教育专栏宣传活动，校广播台不定期广播有关心理健康常识的材料；建立心理教育与咨询的网站；举行关于学生家长了解青少年心理健康知识的专题讲座，使学生家长在家庭心理健康教育中得到有效的指导。家庭是孩子进入社会生活之前的"演习场"，家长是孩子进入社会生活的引路人。通过家庭教育，提高孩子的社会适应能力，以降低他们进入社会的"坡度"。

首先，改变错误的观念，即家长认为教育孩子都是学校的事。家长和学校应该搭起一座沟通的桥梁，在学生的整个教育包括心理健康教育的过程中，家长和学校要相互配合，协同作用。可以及时反馈学生的情况，通过团体活动的实践环节，缩短亲子距离，从根本上解决学生的心理问题。其次，开设家长公益课堂。受传统观念的影响，许多家长认为孩子没病就是健康，在孩子心理健康方面认识不到位，因此学校可以开展公益课堂，使家长了解到心理健康与身体健康同样重要的道理。重视每一次家长会，向家长传授心理健康教育知识，请专家为家长讲授公益课程，弥补家长心理健康教育知识的空白，使家长学会用科学的方法同孩子交流沟通。最后还要重视营造健康的社会环境。学校的心理健康教育、家庭的心理健康教育和良好的社会环境对中学生心理健康教育来说都是至关重要的。

（五）重视专职师资培养

学校教育的根本任务是培养高素质人才，教师是教育的主力军，是培养人才的重要力量，加强教师的心理健康教育是完成教育根本任务的需要。在教育教学活动中，教师很容易成为学生模仿的对象，他们的言谈举止具有示范作用，并自动地、随时地影响着学生。因此，教师的心理健康状况不同程度地影响着学生的心理健康水平，直接关系到学生能否具有良好的素质。"育才必先育人"，只有抓好教师的心理健康教育，才能使教师具有良好的心理健康水平，从而培养出心理健康的学生。也只有心理健康水平较高的教师才能通过自己的创造性劳动培养出高素质的、优秀的学生，完成教育的根本任务。

第六章　心理知识篇

第六章
心理知识篇

第一节

关于抑郁症您应当了解什么

"抑郁症"一词在当今社会我们经常听到,也经常在新闻中看到,那么"抑郁症"究竟是什么?又有什么表现?又该如何去预防,如何去应对呢?

首先我们要清楚的是,"抑郁症"既不是属于典型的精神疾病,也不完全属于心理疾病,它是一种复合的精神心理疾病,属于精神心理范畴的心境障碍类疾病。而它的病因也十分复杂,可能是由于社会因素、心理因素和生理因素等共同产生作用才导致的。就像生活中很多人会说压力大心情不好一样,抑郁的本身就可能是因为工作压力大、学习压力大、身体不舒服或者是想到一些自己比较在意的事情钻牛角尖了,这些因素都有可能造成心境障碍。就像很多人心情不好的时候做什么事情都会或多或少缺少兴致或者无法专心做其他事情,而"抑郁症"的表现则是更加加重这一情况。打个比方,"抑郁症"就像是每个人心底都住着一只小猫,当这只小猫生病了,就不会像之前一样快乐的玩耍,它可能会暴躁也可能会不停地抓挠着影响我们的心情,而这只小猫也就是"抑郁症"的表现典型症状有持久性的情绪低落、兴趣减退、思维迟缓甚至严重时会出现自杀倾向。当你出现了懒、冷漠、记不住事情、食欲不稳定、身体不适、攻击自己、反复回忆、睡眠不稳定、逃避外界等现象时,你就要注意了,因为这些情况往往是抑郁的表现。

一、抑郁症的类型

轻度抑郁症： 表现为有情绪低落、不合群、离群、躯体不适、食欲不振及睡眠障碍。

重度抑郁症： 由于患者个体内遗传系统（基因）存在异常,或后天环境的巨变所引起的一种情绪性功能障碍,以持久自发性的情绪低落为主的一系列抑郁症状。表现为社交能力障碍、不合群、离群、情绪低落、躯体不适、食欲不振等特点。严重可伴有自杀倾向。患者的智力意识清楚并正常。对人类健康构成严重威胁,因此必须高度重视。

微笑抑郁症：是多发生在都市白领或者服务行业身上的一种新型抑郁倾向。由于"工作的需要""面子的需要""礼节的需要""尊严和责任的需要"，他们白天大多数时间都面带微笑，这种"微笑"并不是发自内心深处的真实感受，而是一种负担，久而久之成为情绪的抑郁。"习惯性微笑表情"并不能消除工作、生活等各方面带来的压力、烦恼、忧愁，只让他们把忧郁和痛苦越积越深。

阳光抑郁症：患者往往会把自己真正的情绪隐藏起来，只向人们展示自己阳光的一面，长期得不到宣泄的负面情绪积累下来，形成巨大压力。

产后抑郁症：女性于产褥期出现明显的抑郁症状或典型的抑郁发作，与产后心绪不宁和产后精神病同属产褥期精神综合征。发病率在 15%～30%。典型的产后抑郁症于产后 6 周内发生，可在 3～6 个月自行恢复，但严重的也可持续 1～2 年，再次妊娠则有 20%～30% 的复发率。其临床特征与其他时间抑郁发作无明显区别。

反应性抑郁：属慢性反应性精神病。尤以中年以上的患者为多见，发病多在精神创伤后一个月左右。主要表现为情绪低沉、沮丧，兴趣降低，痛心的内疚或抑郁。有的伴有焦虑、紧张或激越情绪。

继发性抑郁：在使用某种药物后或在患器质性脑病、严重的躯体疾病以及除情感性精神病之外的精神病基础上发生的抑郁症叫继发性抑郁症。随着医学模式的转变，心理医学受到重视，人们发现许多患有内科疾病的病人常诉有抑郁心境，其中内科门诊病人有抑郁征象者占12%～36%，住院病人约三分之一有中等程度的抑郁症状，所以对继发性抑郁症要有足够的认识，及时发现及时治疗，以减少病人的痛苦。

儿童抑郁症：儿童抑郁症是起病于儿童或青少年期的以情绪低落为主要表现的一类精神障碍。美国研究者的调查表明抑郁在儿童中的发生率为0.4%～2.5%，在青少年中这一比率可能上升至5%～10%，这与澳大利亚及意大利的研究结果一致。在10岁以前男女患病比例相似，以后随年龄的增加女性患病率逐渐增加接近男女比1∶2。

老年抑郁症：老年抑郁症是指年龄在55或60岁以上的抑郁症患者，狭义的也可以是指首次起病年龄在55岁之上的抑郁症患者，无论是哪一种，都有着诸多老年期的特点。在临床上常见为轻度抑郁，但危害性不容忽视，如不及时诊治，会造成生活质量下降、增加心身疾病（如心脑血管病）的患病风险和死亡风险等严重后果。

更年期抑郁症：更年期抑郁症初次发病年龄在更年期（男55～60岁，女45～55岁），因精神焦虑、紧张、抑郁等因素而致的综合征。

躁狂抑郁症：简称为躁郁症，也有人称为情感性精神病。症状主要为情感的不正常，常伴有行为及思维的障碍。其情感改变的特点为过度的情感高涨或过度的低落，其思维和行为随之相应地改变，并与周围环境相协调，易被人们所理解；因此常常易感染别人。该病发病期间表现情感高涨时称为躁狂，表现为情感低落时称为抑郁。这类患者在一生中可以反复多次发作，两次发作间期为间歇期。此时患者的精神状态完全恢复正常。病后其精神状态却很少变为衰退。首次发病多在 16～30 岁之间，女性患者多于男性。此病大多于青壮年开始，每次的病程一般为 2～6 个月。

非典型抑郁症：非典型抑郁症就是指有不典型症状的抑郁症。这里说的非典型症状包括：患者有情绪低落，但焦虑和易激惹很明显，也保持情绪反应，即有好事如亲朋好友来看望时会感到高兴，这种高兴甚至可以持续一段时间。睡眠时间在 10 小时以上。食欲增强，进食增多，有的喜好甜食。体重增加，有的甚至进食不多也体重增加。患者感到肢体异常沉重，好像灌了铅一样，以手臂和腿更为明显，每天可持续数小时。

抑郁症的自我测试表

美国哥伦比亚大学编制的筛查抑郁症量表 PHQ9

在过去2周中，您有多少时间受此困扰？	完全不会	几天	一半以上的日子	几乎每天
1. 做事时提不起劲或没有兴趣	0	1	2	3
2. 感到心情低落，沮丧或绝望	0	1	2	3
3. 入睡困难，睡不安稳或睡眠过多	0	1	2	3
4. 感觉疲倦或没有活力	0	1	2	3
5. 食欲不振或吃太多	0	1	2	3
6. 觉得自己很糟或觉得自己很失败，或让自己或家人失望	0	1	2	3
7. 对事物专注有问题	0	1	2	3
8. 动作或说话速度缓慢到别人已经察觉？或正好相反，烦躁或坐立不安，动来动去的情况更胜于平常	0	1	2	3
9. 有不如死掉或用某种方式伤害自己的念头	0	1	2	3

结果：

0～4分没有抑郁症状或极轻度抑郁症状

5～9分轻度抑郁症状

10～14分中度抑郁症状

15～19分中重度抑郁症状

20～27分重度抑郁症状

如何预防抑郁症

定期锻炼：有规律地锻炼可以很好的保持大脑健康，锻炼能提高体温，较高的体温对中枢神经系统有镇静作用，会释放内啡肽，内啡肽会让人感到快乐并提升情绪，锻炼还可以减少免疫系统中可能导致抑郁的一些化学物质。

减少花在社交媒体上的时间：有研究表明，社交媒体使用量的增加会导致抑郁和自尊心下降。社交媒体是与家人，朋友，同事保持联系的必要手段。但社交媒体会上瘾，上瘾的同时也会影响一个人的自信。

建立牢固的社会关系：拥有强大的支持体系和活跃的社交对心理健康至关重要。研究表明足够的社会支持也能预防抑郁，在融洽的社交中能够收获满足感、愉悦感、认同感，有助于防止抑郁。

尽量减少日常选择：太多的选择会导致不必要的压力，在面对太多选择总想做出最佳选择的人往往有更高的抑郁率，如果选择让你感到压力大，那就把事情简单化，学会更快速更果断的做决定，并将这一习惯融合到日常生活中。

减轻压力：慢性压力是抑郁症最常见也最容易避免的原因之一，管理和应对压力对心里健康必不可少，避免过分投入到一件事情中，学会放下自己无法掌控的事情。

维持已有的治疗计划：已经得过抑郁症的人，反复的可能性是比较大的，所以维持治疗计划尤为重要，千万不要突然停止用药，在恢复期间要时常跟医生沟通，坚持执行医生和治疗师建议的策略和应对机制。

保持充足的睡眠：充足的高质量睡眠对身心健康是必要的，与睡眠良好的人相比，失眠症患者抑郁症的风险是正常人的 10 倍，为了更好的睡眠，睡前两小时不要看任何屏幕，试试睡前冥想 15 分钟，下午避免摄入咖啡因。

远离一些让你觉得不舒服的人：有些人只会让我们对自己感到愧疚和不自信，比如霸道的或者总是讥讽嘲笑你的人，负面的社会互动产生更多有害细胞因子，而其中有两种蛋白质与炎症和抑郁有密切联系，远离那些生活中让你对自己感觉糟糕的人，阻止对方的精神操控。

吃好一点：研究表明，高脂饮食与慢性压力有相似的负面效果，饮食中要保持足够的蛋白质，大量的水果蔬菜，尽量减少高糖和高脂肪的食物，在饮食中加入更多的 omega-3，比如三文鱼或坚果，保持均衡膳食。

保持体重：肥胖会让人自尊心下降，根据美国疾病控制和预防中心的说法，肥胖与抑郁有明显的相关性，一项美国全国性的调查发现，将近一半的抑郁症成年患者同时有肥胖问题。反过来，患有抑郁症的成年人比没有抑郁症的人更容易肥胖。

管理好慢性病：患有其他慢性疾病的人患抑郁症的风险更高。慢性疾病是无法避免的，但在多数情况下，是可以管理控制的，保持和医生的沟通，遵医嘱的同时保持生活健康。

关注药物的副作用：许多处方药有引起抑郁的副作用，服用药物前仔细阅读注意事项，记得询问医生药物的相关副作用，一些可能导致抑郁症的药包括：激素类避孕药，皮质类固醇，抗惊厥药等等。

规划不可避免的已知触发因素：有些人知道让自己抑郁发作的诱因是什么，比如说家庭伴侣的祭日或者是离婚的日子，尽量避免面对这些诱因，做好后备计划，给自己打气，相信难关总会过去。如果依然担心，可以询问医生的建议获得更好的帮助。

第二节

学会在倾诉中释放压力

"人生如逆旅,我亦是行人",虽然人生充满了艰辛和挑战,但每个人都是这场旅行中的一部分,应该以一种洒脱和乐观的态度去面对生活中的种种困难和挑战。在人生的这场旅行中我们会遇到各种类型的困难各种方面的压力,比如学习压力、工作压力、人际交往关系压力、家属之间的压力等等,我们需要面对不同压力的类型,找准解决问题的方式,当然在问题解决前,我们会出现痛苦、羞愧、内疚、自责、犹豫等等多种情绪,那么在这样一个契机找到合适的倾诉对象及倾诉方式就显得尤为重要。

压力的类型及来源

压力的种类通常可分为正性压力、中性压力和负性压力（急性压力和慢性压力）。正性压力是有益的压力，产生于个体被激发和鼓舞的情景中，当压力持续增加，正性压力会逐渐转化为负性压力，绩效或健康状况随之下降，生病的危险加大。中性压力是一些不会引发后续效应的感官刺激，它们无所谓好坏。比如，看到一则关于遥远的城市发生火灾的新闻，或是听说某明星的婚姻出现危机……负性压力，即有害的压力，经常被简称为压力，比如险些发生交通事故、工作中频繁的加班、夜晚隔壁邻居家吵闹的音乐声等。负性压力又可以分为两类：急性压力和慢性压力，前者来势汹汹但迅速消退；后者出现的时候不甚强烈，但旷日持久。

心理压力按严重程度来讲，可分为轻度心理压力、中度心理压力、重度心理压力和破坏性压力等四种压力。

轻度压力的压力源不大，刺激比较轻，难度较小，稍微努力就能完成，对人动力影响也比较小，基本上不产生心理困惑。轻度压力一般无需关注和进行特别的调控。

中度压力是介于轻度和重度之间，从压力源上来说适中；从难度上说要经过努力和采取一定措施才能完成；从动力上说对人的动力推动最大；从心理上来说容易让人产生焦虑情绪，也可能会伴有轻微的抑郁成分。中度压力在可自行调节范围，当个体按照制定出计划和措施实施，目标减少，压力减小，心理困惑逐步减轻。

重度压力是由于压力源大，给人造成了严重的心理冲突，导致的焦虑和抑郁持续的时间比较长，程度比较严重，在短时间内这种状态很难减弱。这种状态会使大多数人产生了逆反心理，会放弃现在的努力和改变这种状态的能力，导致压力所致的心理问题长期得不到解决。

破坏性压力又称极端压力，包括战争、大地震、空难以及被攻击、绑架、强暴等。破坏性压力的后果可能会导致创伤后压力失调、灾难症候群、创伤后压力综合征等。破坏性压力不仅可以影响一个人的身体素质，使得个体容易产生生理疾病，而且会引发个体在生物、心理、社会、行为等各个方面的变化，从而导致心理障碍甚至心理疾病，应当被慎重对待。

按压力性质分类为单一性生活压力和叠加性压力，单一性生活压力指某一时间段内，经历某种事件并努力适应，其强度并不足以使个体崩溃。这类压力产生的结果往往是正面的，大多有利于个体提高抗压能力。

叠加性压力，这类压力从产生时间上又分为两种：一是同时性叠加压力,指同一时间内发生若干压力事件;二是继时性压力,指两个以上的压力事件相继发生,前者的压力效应尚未消除,后继的压力又已发生,此时所体验的压力即被称为继时性叠加压力。

倾诉的技巧

选择合适的倾诉对象:找一个你信任且能保密的人或平台,例如你的朋友、家人或专业的心理医生,他们能够给你支持和帮助,你可以在倾诉之前告诉他们一些应该做的事或者在倾诉过程中会让你觉得舒服的注意事项,这些提醒可以让你在倾诉过程中和倾诉后更加舒适。

找到合适的时间和地点:找到合适的倾诉时间与地点是实现一个好的倾诉体验的关键。可以试想一下,如果你在倾诉烦恼的过程中还有很多作业没写完或者还有比较着急的工作没做完,你是不是会在倾诉的时候时不时惦记着还没完成的事情?所以,除非你所烦恼的事情所感到压力的事情已经对你有严重的影响,否则尽量不要选择自己特别忙的时候进行倾诉。

当然,还有很重要的一点就是确保你的倾诉不会打断别人的工作或休息时间,能让你选择去倾诉的人通常是对你很重要的人,所以要确保他们不会对你的行为感到反感!

至于地点，尽可能找到一个安静且私密的地方，如果是一个非常私密的线上平台也可以，平静与私密能让你专注于你的感受与需求，也就能更精确地表达自己的感受。

表达自己的感受：在倾诉过程中，要尽可能精确地表达自己的感受和需求，这样能够让对方可以更好的换位思考，更好的对你进行安慰和帮助。当然还可以通过"ABC"理论对自己出现的情绪进行一个初步分析。但是，即使你已经对你的情绪进行了分析，在倾诉过程中还是尽量把情绪与事件的全貌表达出来。注意的是，ABC 理论只是让你更好地理解自己的情绪，而不是让你在倾诉中只说你认为的重点，这些重点有可能是错的。

ABC 理论：ABC 理论是指在大多数引发我们情绪的行为和事件中，引发的关键不是事件本身，而是我们对这个事件的认识与态度，我们现在分别用 A、B、C 代表诱发性事件、对该事件产生的看法与评价以及最终结果。简单说，人们痛苦烦恼的原因并非只是因为生活中的不幸事件或境况（A），对于事件的观点、感受与行为（B）也是导致人们在不断的负面情绪中受苦（C）。

但是，比较头疼的是，在生活中一个 A 可能会有很多个 B，一个 B 也可能会有很多个 A。也就是说生活中发生的很多事情会引起某种情绪，而也会因生活中的某件事情思绪万千。这种情况有可能在自我消化情绪的时候彻底晕掉，所以有个人能够帮忙分析是最好的情况。

帮助他人倾诉的要点

尽量不要打断对方的倾诉，否则不仅会给对方带来不适，还会恶化对方已有的负面情绪，因此一定要有耐心地聆听他人烦恼，耐心的聆听是沟通的桥梁，如果在他人倾诉的时候都没有仔细聆听，又如何去安慰对方帮助对方解决问题呢？

不要带评判的沟通是倾诉中极重要的一环，可以设想一下，如果在你极度不开心时，你与他人沟通，对方不仅不去安慰你，反而不断指出你那些地方做的不对，这样的倾诉会有效吗？事实上，这样的倾诉不仅无效还可能给别人带来二次创伤，导致他们产生心理上的排斥。

不要过多地进行引导或者提出解决方案，应该主要注重抚慰他人情绪。有的时候，我们给倾诉者的回复应该适当的有一点"废话"（"没关系的，这没什么，不是什么大事"），有的时候，这些来找你倾诉的人并不是永远也想不出更好的解决方案，而是单纯的因为情绪困住了他们导致暂时不能思考。

最后，面对生活中的压力，我们可以先进行适当分析，积极面对正向压力,适当控制中性压力,减轻释放负性压力,人生的每个阶段都总是难以尽善尽美,都或多或少有每个阶段的烦恼。因为美好,从来不会唾手可得。总有些困惑、迷茫、格格不入、不被理解在心口盘旋,无处安置,学会倾听学会倾诉,让心理的健康花朵为你的人生喝彩。

 参考文献

刘嘉.心理学通识:General Psychology,广东出版社,2020. M.

情绪管理：中小学生成长必修课

放下焦虑，别去想你过了的日子

在京都金阁寺的镜湖池畔，一株六百多岁的五叶松以扭曲的姿态向天空伸展枝干。它的躯干布满时间的伤痕，却在每年深秋绽放出比直松更绚烂的红霞。这棵树的存在本身，便是对焦虑最诗意的反驳——那些看似偏离"完美生长轨迹"的曲折，恰恰造就了无可替代的生命姿态。现代人困在时间的牢笼里，焦虑于过去的遗憾与未来的不确定，却忘了每个"此刻"都蕴含着改写生命剧本的魔法。

一、时间暴政：现代焦虑的根源解剖

1. 数字时钟下的精神窒息

当智能手表以毫秒精度切割生活，当社交媒体用"年度回顾"量化人生，人类陷入了前所未有的时间焦虑。神经学家发现，频繁查看时间的行为会激活大脑的"威胁预警系统"，导致皮质醇水平持续升高。这种"时间监控强迫症"正在制造新型社会病：人们一边用效率软件压榨每一分钟，一边因"虚度光阴"的负罪感彻夜难眠。

2. 线性时间的认知骗局

爱因斯坦的相对论早已揭示：时间并非均匀流动的直线，而是根据观察者状态弯曲的维度。原始部落的循环时间观、宗教的"刹那即永恒"哲学，都在挑战工业社会灌输的线性时间认知。就像电影《信条》中逆向流动的子弹，当我们打破"过去－现在－未来"的思维定式，焦虑便失去了滋生的土壤。

3. 记忆滤镜的欺骗性

脑科学实验证明，人类每次回忆都在重构记忆。海马体像不称职的剪辑师，会根据当下情绪删改过往画面。那些让我们耿耿于怀的"人生败笔"，或许只是大脑编造的虚构剧情。伦敦大学的研究者让受试者"植入"虚假童年记忆，结果多数人不仅信以为真，还为此产生真实的情感波动。

二、时空折叠术：重构与过去的关系

1. 普鲁斯特效应：用感官重启时间

当玛德莱娜蛋糕的香气激活普鲁斯特的童年记忆，他揭示了一个颠覆认知的真相：嗅觉记忆能绕过理性防御，直接唤醒被封存的生命力。日本茶道大师千利休深谙此道，他设计茶室时特意降低入口高度，迫使武士卸刀弯腰——这个身体仪式瞬间切断对过往身份的执念，让人纯粹地活在"一碗茶的时间"里。

2. 金缮哲学：破碎处的重生之光

2019年，故宫博物院文物医院修复了一件清乾隆洋彩胭脂红地轧道锦上添花胆瓶（国家一级文物）。此瓶原为乾隆御窑巅峰之作，通体胭脂红釉上精雕百花纹，后因历史原因碎裂成数十片，裂痕深及胎骨。这暗合创伤后成长理论：心理咨询师引导来访者用"虽然但是"重构创伤叙事（"虽然经历了背叛，但我学会了识人"），把人生裂痕转化为智慧的金缮。

3. 记忆宫殿的改造计划

古希腊演说家用"记忆宫殿法"储存信息，现代人可用同样原理重构过往。试着为遗憾事件建立三个平行版本：①实际发生的现实版；②可能更好的理想版；③可能更糟的灾难版。认知神经学显示，这种多维叙事能显著降低杏仁核活跃度，将执念转化为理解自我的素材。

三、当下炼金术：把此刻铸成永恒

1. 时间颗粒度调节实验

硅谷精英推崇的"时间块管理法"或许加剧了焦虑，不妨尝试反向操作：每天设定20分钟"量子时间"——不规划任何目标，只是观察云朵如何分裂重组，或者感受茶水滑过喉管的温度变化。这种主动的"时间浪费"能重建大脑对当下的感知力，纽约大学实验证明，持续两周练习可提升30%的情绪稳定性。

2. 时空锚点设定法

敦煌壁画中的飞天手持不同乐器，每个形象都是特定时空的凝结。我们可以创造自己的"时空锚点"：在书桌摆放旅行带回的火山石，每次触摸都唤醒攀登熔岩地的勇气瞬间；用特定香氛标记完成重要项目后的松弛感。这些锚点构成抗焦虑的精神结界，让过去成为滋养当下的养分而非枷锁。

3. 未来考古学实践

大英博物馆的策展人常玩一个思想游戏：如果要在末日胶囊里存放代表这个时代的物品，你会选择什么？普通人可以书写"给五年后自己的考古信",详细记录此刻的困惑与领悟,封存在特定 APP 中。这种将现在投射到未来的视角,能神奇地消解当下的焦虑——正如物理学家惠勒所说:"过去只在被观察时存在。"

四、时空舞者的修炼指南

1. 建立认知弹性防线

斯多葛学派的"两分控制法"至今有效:列出当前焦虑事项,分为"可控"与"不可控"两栏。对前者制定微行动方案(如"每天冥想 5 分钟"),对后者练习"主动接纳仪式"(如对着镜子说三遍"我允许此事存在")。加州大学研究显示,这种结构化应对可使焦虑情绪降低 57%。

2. 发明你的时间货币

金融家凯恩斯曾预言 2030 年人类每周只需工作 15 小时,但他低估了资本主义的时间剥削。我们可以自创"时间经济学":将每天分为"生存时间"(工作、通勤)、"滋养时间"(阅读、爱好)、"空白时间"(放空)。用不同颜色标记,当某类时间严重超支时,就像调控通货膨胀般调整生活结构。

3. 编织时空叙事网

冰岛人用"萨迦"史诗将家族历史编入山川地貌,这种将时间空间化的智慧值得借鉴。试着绘制"人生地图":用河流走向代表成长轨迹,用山峰标记转折事件,用沼泽标注至暗时刻。地理化的视角能让过往挫折显现出命运暗藏的脉络,就像《魔戒》中弗罗多的伤口最终指引他找到归途。

结语:成为时间的琥珀

在佛罗伦萨的圣十字教堂,伽利略的墓碑上刻着"他让地球动了起来"。这位曾因"异端邪说"被审判的科学家,最终被时间证明真理。每个时代都有其认知局限,但那些在时光裂缝中坚持发光的人,终将被未来温柔追认。当我们停止与时间角力,转而将每个瞬间淬炼成精神的琥珀,焦虑便化作透视生命深度的棱镜。就像敦煌藏经洞的典籍,在黑暗中等候千年,只为在某个黎明惊艳世界——你的过去,或许正是未来某人的光。

第四节

社交焦虑症如何疗愈

一、社交焦虑症的深层诱因——生物－心理－社会三重锁链

1. 生物性根源

- 遗传编码：5-HTTLPR基因短臂携带者患病风险增加3.2倍（NIH研究数据）

- 杏仁核超敏：患者处理社交信号时，杏仁核血流量比常人高58%（《自然神经科学》）

- GABA失衡：γ-氨基丁酸分泌不足导致抑制功能减弱（伦敦国王学院实验）

2. 心理机制

- 认知扭曲三角：

a 过度自我监控（脑内存在"第二自我"持续批判）

b 灾难化预期（将脸红等同于社会性死亡）

c 记忆选择性强化（90%的负面社交经历被反复提取）

- 童年烙印：63%患者曾经历当众羞辱或养育者过度苛责（中国社科院调查）

3. 社会催化剂

- 文化高压：东亚社会的"他人注视"传统加重心理负担。

- 社交媒体悖论：线上虚拟社交削弱现实社交肌肉。

- 职场达尔文主义：竞争性环境加剧表现焦虑。

【典型案例】

程序员小林（28岁，上海）：

从小因口吃被同学模仿，工作后恐惧代码评审会议。生理表现为发言时颈部红斑扩散，心理上存在"二进制社交认知"（认为他人评价非0即1）。基因检测显示携带MAOA-L型低活性基因。

二、社交焦虑自测表及其临床表现的三重维度社交焦虑自测表

（评分标准：0=从不，1=偶尔，2=有时，3=经常，4=总是）

第一部分：场景反应

1. 在餐馆独自吃饭时，担心被他人观察或嘲笑。

2. 使用公共厕所时，害怕发出声音被旁人听见。

3. 需要当众发言时，提前1周以上开始焦虑。

4. 聚会中别人看手机，觉得是自己说话无聊导致的。

5. 被介绍给陌生人时，出现手心出汗/脸红等反应。

6. 拒绝参加需要签到的活动（避免写下名字）。

7. 电梯里有同事时，故意低头看手机或绕路。

8. 打电话前反复演练要说的话，仍难以拨出号码。

9. 在微信群发言后，频繁撤回或反复修改。

10. 回避与权威人士（领导/老师）眼神接触。

第二部分：身心症状

11. 社交时出现身体僵直、声音颤抖或口吃。

12. 对话中过度关注自己的表情是否自然。

13. 为避免尴尬，长期使用"安全行为"（如紧握水杯）。

14. 社交后反复回忆细节，确认是否"出丑"。

15. 因害怕被评价，放弃本应争取的机会。

16. 独处时想起社交场景，仍会心跳加速。

17. 用酒精/药物辅助才能参与社交活动。

18. 预判他人会发现自己"不够好"的蛛丝马迹。

19. 为避免社交，编造身体不适等借口。

20. 认为自己永远达不到"正常社交标准"。

第三部分：功能影响

21. 因社交焦虑影响职业发展（如拒绝晋升）。

22. 减少使用社交媒体（怕被@或评论）。

23. 网购替代线下购物，即使价格更高。

24. 重要节日选择加班而非参加家庭聚会。

25. 长期保持单身状态（害怕约会压力）。

26. 使用外卖/跑腿服务避免与邻居交流。

27. 放弃需要团队合作的学习/工作机会。

28. 回避就医问诊等必要社交场景。

29. 因社交问题导致抑郁/失眠等并发症状。

30. 认为自己的焦虑永远无法改变。

分数区间	焦虑程度	表现特征	建议
0～20分	正常波动	偶有紧张但能自我调节	保持观察，练习放松技巧
21～50分	轻度焦虑	特定场景不适，功能影响较小	认知行为训练 + 正念练习
51～80分	中度焦虑	多场景回避，已影响生活质量	专业心理咨询 + 阶梯暴露疗法
81～120分	重度焦虑	广泛功能受损，伴随躯体症状	精神科就诊 + 系统治疗

结合通过此表自测的分数，思考自身是否有社交焦虑的三种表现：

1. 心理症状

- 思维反刍：散会后反复回忆自己是否说错话

- 透明人妄想：坚信他人能看穿自己的所有缺点

- 时间轴污染：将某次尴尬经历泛化为人生污点

2. 行为特征

- 安全行为清单：

√始终坐在会议室角落

√提前准备"逃生路线"√用手机伪装忙碌回避对话

3. 生理信号

自主神经系统风暴：

- 交感神经亢进：手心出汗、心跳 > 120 次 / 分

- 副交感神经抑制：肠胃痉挛、瞳孔放大

微表情失控：

- 紧张性笑容（嘴角上扬但眼轮匝肌未参与）

- 眨眼频率激增（从常态 15 次 / 分升至 40 次 / 分）

【现实截面】

深圳白领张女士（35 岁）：

在电梯遇到同事时会产生"空间坍缩幻觉"，感觉电梯墙壁不断逼近。需通过数地砖花纹转移注意力，曾因逃避公司团建被误认为孤僻遭降级。

三、系统疗愈方案

1. 第一阶梯：认知重建

情绪焦点疗法（FCT）

- 三问破解术：

① "这个想法有考古证据吗？"（检验事实性）

② "最糟糕情况发生的概率？"（灾难化评估）

③ "如果是朋友遭遇此事，我会如何劝解？"（自我慈悲培养）

叙事暴露疗法

- 人生剧本改写：

①将"面试昏倒事件"重命名为"觉醒时刻"

②为创伤记忆添加奇幻元素（如虚构守护精灵）

2. 第二阶梯：行为训练

梯度暴露训练系统

- 五级挑战模型：线上文字交流→语音消息→视频通话→3人小组讨论→●公开演讲

①超市"渐进实验"（从询问价格到故意退货）

②地铁"微社交"（对让座者说特定感谢语）

虚拟现实（VR）脱敏

- 场景库示例：

①年会舞台（可调节观众数量和表情）

②相亲场景（智能匹配对话难度）

3. 第三阶梯：生理调控

生物反馈疗法

- 可穿戴设备介入：

①智能手环：心率＞110时触发振动提示

②脑电头带：监测前额叶α波进行正念强化

- 临床数据：联合使用可使焦虑发作频率降低67%（协和医院研究）

躯体化症状管理

- 即时镇定技巧：

√舌抵上颚呼吸法（激活副交感神经）√手握冰晶石（通过冷刺激转移注意力）√脚跟加压法（增强本体感觉稳定性）

4. 第四阶梯：社会支持团体治疗创新

- 非语言工作坊：

☐戏剧治疗：通过角色扮演体验安全表达

☐艺术疗愈：用绘画代替语言进行自我揭露社交接触计划

√宠物社交（通过动物中介建立连接）√公益服务（获得非评价性正向反馈）

√技能交换（聚焦任务而非社交本身）

四、疗愈效果评估体系

1. 四维评估模型

- 生理指标：皮肤导电水平、心率变异性

- 行为记录：每周社交活动时长/类型

- 认知测量：自动思维问卷（ATQ）得分

- 功能恢复：工作/学习效率提升率

2. 阶段性目标

- 短期（1—3月）：完成3次低风险社交

- 中期（3—6月）：建立1个可持续人际关系

- 长期（1年以上）：发展出个性化社交策略

3. 复发预防机制

- 早期预警信号库：

①重新开始计算对话停顿秒数

②回避常去超市的特定收银员

③夜间反复回放社交场景

- 应急工具箱：

√预设社交急救话术

√便携式情绪稳定包（含迷迭香精油、压力球）

√24小时AI心理陪伴程序

结语：重建与世界连接的桥梁

第五节

新晋妈妈正确引导孩子

一、儿童心理发展与教育

（一）认知发展

认知是孩子认识世界、理解事物的基础。从出生起，他们的大脑就像一块海绵，不断吸收周围环境的信息。新晋妈妈们可以关注以下几个方面，助力孩子的认知发展：

感知觉发育：通过丰富多彩的感官刺激游戏，如触摸不同材质的物品、聆听各种声音、观察色彩鲜明的图案，刺激孩子的视觉、听觉、触觉等感官发展，为认知能力打下坚实基础。

注意力与记忆力：通过专注力训练游戏（如找不同、拼图）、记忆游戏（如记数字、背诵诗词）等方式，逐步提升孩子的注意力集中能力和记忆力。记住，游戏应符合孩子年龄特点，保持趣味性和挑战性，避免过难导致挫败感。

思维发展：随着年龄增长，孩子的思维从直觉行动思维逐渐过渡到具体形象思维、抽象逻辑思维。妈妈们可以通过讲故事、提问引导、解决问题等活动，激发孩子的想象力，培养逻辑推理能力。例如，讲述一则寓言故事后，可以提问："你觉得狐狸为什么要骗乌鸦？如果是你，你会怎么做？"这样的互动既锻炼思维，又增进亲子感情。

（二）情感与社会性发展

情感和社会性是孩子融入社会、建立人际关系的关键。新晋妈妈们需关注以下几点：

情绪识别与表达：通过情绪绘本、角色扮演等方式，帮助孩子认识各种情绪，学会用语言表达自己的感受。比如，读完《生气的亚瑟》后，可以问孩子："你觉得亚瑟为什么会生气？你生气时是什么样子呢？"让孩子在故事中找到共鸣，学会表达情绪。

情绪调控：当孩子面临情绪困扰时，妈妈们应引导他们用深呼吸、数数、转移注意力等方法平复情绪，同时教会他们理解和接纳自己的情绪，如："伤心是正常的，你可以哭一会儿，妈妈在这陪你。"这样，孩子就能学会用健康的方式处理情绪。

社会性技能：鼓励孩子参与集体活动，如幼儿园的游戏、社区的义工等，让他们在实践中学习合作、分享、竞争、同情等社会性情绪。同时，妈妈们应以身作则，展示良好的人际交往技巧，如礼貌待人、尊重他人意见等，让孩子在模仿中学习。

（三）个性与自我意识发展

每个孩子都是独一无二的个体，有自己的性格特点和兴趣爱好。新晋妈妈们应注意以下几点：

接纳与塑造个性：尊重孩子的个性差异，如内向的孩子可能更善于思考，外向的孩子可能更善于交际。同时，通过提供多样化的活动和体验，如绘画、音乐、运动等，帮助孩子发现和培养自己的兴趣特长，塑造独特的个性。

培养正向自我观念：多给予孩子肯定和鼓励，让他们认识到自己的优点和进步，树立自信心。同时，引导孩子正确看待失败和挫折，如："这次没考好没关系，我们看看错在哪里，下次再努力。"这样，孩子就能形成积极的自我评价，拥有健康的心态。

总之，新晋妈妈们应关注孩子的认知、情感、社会性和个性发展，通过科学的教育方法和温暖的亲子互动，帮助孩子成长为身心健康、人格健全的个体。

二、亲子沟通与行为引导

（一）有效沟通的艺术

亲子沟通是家庭教育的核心环节，它不仅关乎信息传递，更是情感交流、价值观塑造的重要途径。以下几点有助于提升亲子沟通效果：

倾听与理解：放下手机，全身心投入与孩子的对话，用眼神、表情和肢体语言传达你的关注。尝试用"我听到你说……你是觉得……对吗？"这样的方式反馈，让孩子感到被理解。

开放性提问：避免封闭式问题（只需"是"或"否"回答），多使用开放式问题，如"今天学校有什么有趣的事？"这能激发孩子思考，分享更多内心世界。

非暴力沟通：避免批评、指责，采用"我句式"表达感受和需求，如"我看到玩具散了一地，我觉得有些乱，我们一起来收拾好吗？"而非"你怎么又把房间弄乱了！"这样，孩子更容易接受建议，亲子关系更和谐。

（二）行为引导策略

面对孩子的不当行为，妈妈们应以理解和引导为主，辅以适当的规则设定和后果承担，帮助孩子养成良好习惯：

理解行为背后的原因：孩子行为问题往往源于某种需求未得到满足或情绪困扰。妈妈们要像侦探一样，探究行为背后的动机，如孩子频繁打断大人谈话，可能是渴望关注。理解了原因，才能针对性地引导。

正面引导与示范：比起禁止做什么，告诉孩子应该做什么更有效。比如，与其说"别乱扔玩具"，不如说"玩完玩具记得放回原处"。同时，妈妈们要做好榜样，因为孩子是看着大人的背影长大的。

设立清晰规则与后果：家庭规则应简单明了，如"饭前洗手""晚上9点前睡觉"。违反规则时，实施预先约定的合理后果，如取消一次看电视时间，让孩子明白行为与结果之间的关联。

肯定与激励：当孩子展现出期待的行为时，及时给予肯定和赞扬，如"你今天自己整理了书包，真棒！"正面强化能激发孩子重复良好行为的意愿。

(三)幽默的力量

幽默是亲子沟通的润滑剂,能让紧张的气氛瞬间缓和,让教育变得轻松愉快。

化解冲突:面对孩子的倔强或固执,一句幽默的话或许就能打破僵局。比如,孩子坚决不肯穿外套,妈妈可以说:"看来这件外套想独自出门旅行呢,我们帮它找个背包怎么样?"用玩笑的方式让孩子换个角度思考。

传授道理:借助幽默故事、趣图、漫画等载体,将道理包装得生动有趣。比如,教孩子节约用水,可以讲个关于小水滴历险、呼吁大家珍惜水资源的故事,让孩子在笑声中领悟道理。

增强亲密感:共享欢笑能加深亲子间的纽带。一起看搞笑动画、玩幽默游戏、讲笑话,让家中充满欢声笑语,孩子会更愿意敞开心扉与你交流。

总之,有效的亲子沟通与行为引导需要妈妈们运用倾听、理解、非暴力沟通等技巧,结合正面引导、规则设定与后果承担以及适时的幽默元素,营造温馨、积极的家庭教育氛围,助力孩子健康成长。

三、儿童心理健康关注与促进

（一）识别儿童心理健康的"晴雨表"

情绪表达：留意孩子的情绪反应是否与其年龄相符，过度的焦虑、恐惧、愤怒或持续的悲伤可能提示心理困扰。同时，也要观察孩子是否能适当地表达快乐、兴奋等积极情绪。

社交互动：观察孩子与同龄人相处的情况，是否有稳定的友谊、能否顺利解决人际冲突。过于孤僻或过度依赖他人可能是心理适应问题的信号。

学习与生活适应：关注孩子对学校、作业的态度以及日常生活技能的掌握情况。持续的学习困难、厌学情绪或生活自理能力明显落后可能与心理压力有关。

（二）呵护心灵的日常实践

情感支持：让孩子知道，无论遇到什么困难，家都是他们的避风港。鼓励孩子表达感受，用共情回应，如："看起来你今天不太开心，能告诉我发生了什么吗？"

积极应对训练：教授孩子应对压力的策略，如深呼吸、放松训练、积极自我对话等。通过角色扮演等方式，让孩子在模拟情境中练习这些技巧。

亲子时光：定期安排专属的亲子活动，如阅读、游戏、户外探索等，增进感情，也为孩子提供无压力的情感释放空间。

（三）幽默，心灵的阳光雨露

幽默减压：在孩子面临压力时，用幽默的话语或行动帮他们转移注意力，如："瞧你皱眉头的样子，是不是在跟数学题玩'谁先眨眼'的游戏？"让孩子在笑中释放紧张情绪。

幽默教育：将幽默融入日常教育中，如用夸张的表情讲述安全知识："如果不戴头盔骑车，万一摔跤，你的脑袋可能会变成'熟鸡蛋'哦！"让孩子在轻松中学到重要道理。

幽默亲子互动：开展家庭趣味运动会、搞笑模仿秀等活动，让全家一起享受欢笑时刻，增强孩子的乐观精神和抗挫折能力。

（四）专业援助与资源利用

寻求专业咨询：当发现孩子可能存在心理问题时，及时寻求心理咨询师或心理医生的帮助。专业的评估和干预能有效解决问题，防止状况恶化。

利用社区资源：参与学校、社区举办的亲子讲座、心理工作坊等活动，了解最新育儿理念和方法，与其他家长交流心得，共同成长。

网络及书籍资源：关注权威的心理学公众号、网站，阅读专业人士推荐的心理读物，提升自身心理健康教育能力。

综上所述，关注儿童心理健康需从识别其"晴雨表"开始，通过日常的情感支持、积极应对训练、亲子互动以及适时的幽默元素，为孩子的心灵保驾护航。同时，善用专业援助与各类资源，确保在需要时能得到及时、科学的帮助。

四、案例分析

案例一：宇杰的"沉默"困境

宇杰是一名 14 岁的初中二年级学生，近期变得沉默寡言，对以往喜欢的活动失去兴趣，学习成绩下滑，且常独自躲在角落发呆。父母十分担忧，经咨询心理医生后，诊断宇杰可能患有轻度抑郁症。

解析与应对：

理解病因：可能由于宇杰近期遭遇校园欺凌事件，导致自尊心受损，产生逃避社交、自我封闭的行为。此外，父母期望过高、学业压力大也可能加剧他的抑郁情绪。

家庭支持：父母需调整期待值，营造宽松的成长环境，鼓励宇杰分享内心感受，而非只关注成绩。可尝试共同制定"快乐清单"，包括宇杰喜欢的事物和活动，引导他重新找回生活乐趣。

专业介入：配合心理医生进行认知行为疗法，帮助宇杰识别并挑战消极思维模式，学习更积极的应对策略。同时，可能需要短期用药辅助治疗，需遵医嘱并定期复诊。

案例二：露露的"失控"脾气

露露是一个活泼的 6 岁女孩，近几个月频繁发脾气，摔东西、打人，甚至拒绝上学。父母困惑不已，经咨询心理咨询师后，了解到露露可能正经历情绪调节困难。

解析与应对：

识别触发点：观察露露发脾气前的情境，发现多数发生在需求未被满足或规则受限时。这表明她可能尚未掌握有效的情绪表达和自我控制技巧。

情绪教育：借助情绪绘本，如《我的感觉系列》，教露露识别不同情绪及其对应的身体信号。通过角色扮演，演练如何用语言表达情绪，而非用行为发泄。

冷静角设立：在家里设置一个舒适的"冷静角"，当露露情绪激动时，引导她去那里安静下来，使用深呼吸、数数等方法平复心情。事后与她讨论当时的情绪体验，强化冷静处理情绪的意识。

案例三：小亮的"网瘾"疑云

小亮是一名 12 岁的初中生，沉迷网络游戏，几乎放弃课外活动，与家人沟通减少，学习成绩大幅下滑。父母试图限制其上网时间，但效果不佳，遂求助于心理咨询机构。

解析与应对：

探查深层原因：小亮可能在游戏中寻求现实生活中缺失的认可与成就感。可能源于学业压力、同伴关系困扰或亲子关系疏离。

建立有效沟通：父母需放下指责态度，真诚倾听小亮对于游戏的看法和内心需求，共同探讨健康平衡的生活方式，如设定合理的上网时间，并鼓励参与线下社交与运动。

家庭系统调整：父母反思自身的教育方式，是否过度关注成绩而忽视孩子的情感需求。增加与小亮的共享时光，如一起烹饪、徒步等，增进亲子关系，降低对虚拟世界的依赖。

每个孩子都是独一无二的个体，面对他们的心理困扰，我们需要细心观察、理解原因，运用恰当的方法进行干预，并适时寻求专业帮助。同时，家庭教育的角色不可忽视，唯有爱、理解和耐心，才能真正滋养孩子的心灵，助其健康成长。

[1] 高原. 儿童青少年心理健康问题的评估及其健康效应研究[D]. 中国医科大学, 2021.

[2] 王雁. 深入探悉家长的情绪管理能力及其影响因素——提高家长的情绪管理能力改善亲子关系的问题探究之一[J]. 天津师范大学学报（基础教育版）, 2010, 11(01): 56-60.

[3] 李玫瑾. 心理抚养[M]. 上海三联书店, 2021.

第七章
亲子关系工作坊

一、目的：

1. 认识到身为家庭的一员，可以通过改变自己来影响他人，塑造良好的家庭关系。

2. 在情景表演中体验、感悟亲情，感受化解冲突的力量。

3. 尝试用新的应对方式来促进亲子关系的改善。

二、活动时间

大约 90～120 分钟

三、活动场地

中学生教室

四、活动对象

初二年级学生

五、活动准备

视频（父与子的锁），亲子关系应对方式调整任务单，教学 PPT。

六、方案步骤：

（一）团体暖身阶段："塑"我心声

游戏规则：（1）每组推选出一位同学当家庭雕塑师，家庭雕塑师依据老师给的主题选取日常生活中的一个画面，进行肢体动作和表情的设计，定格画面，以展示想要表达的主题。（2）组内同学充当雕塑演员，积极配合家庭雕塑师完成一组静态的雕塑作品。（3）其他组成员思考雕塑作品所呈现的场景。（4）家庭雕塑师向全班同学阐释本组的雕塑作品。

师： 现在老师来布置主题。左边两组的主题是家庭生活中的幸福时刻，右边两组的主题是家庭冲突时刻现在给同学们一些时间来准备，音乐停止后，请两组同学上台展示本组的雕塑作品。

学生表演并分享。

师： 感谢两组同学给我们带来的精彩的"雕塑"。我们都希望家庭生活是幸福美满的，但总有些时候亲子之间是不那么和谐的。下面让我们来观看一段视频，看看这段父子之间发生了什么。

设计意图： 运用游戏的方式激发学生的兴趣，营造良好的课堂氛围，直观、生动、形象地引出亲子冲突的话题，通过让学生演绎家庭生活场景中的幸福与冲突时刻的方式，卸下学生的防御。

（二）团体转换阶段："述"我心声

活动一：播放视频《父与子的锁》前半段

视频内容简介：父子俩因为儿子吃饭时玩手机发生冲突，儿子史蒂文一生气饭也不吃了，进屋将门反锁；父亲也气得没有吃饭，靠在沙发上揉自己的眉头。

师：隔着屏幕都能感受到这个家庭浓浓的火药味。生活中类似的场景经常会上演。请同学们回想一下近期你与家人之间发生的一次冲突事件，还记得当时你是怎样应对的吗？

生 1：有一次我在网上看上一件自己喜欢的衣服，想让妈妈给我买，妈妈说现在天气冷了，衣服不适合现在穿了，而且有些贵，现在买不划算。我就很生气地跟她吵架、冷战。妈妈也很生气，过了两天就说我带不了你了，让你爷爷奶奶来带你吧。我觉得自己做得有些过分，后来跟她道歉了。

师：这位同学提到会用到争吵、冷战的方式来应对冲突，也会在事后去反思自己的行为去向家人道歉等。还有没有其他应对亲子冲突的办法？

设计意图：用视频引发学生的共鸣，引导学生觉察自身应对亲子冲突的模式，为接下来的环节作铺垫。

活动二：发放亲子关系应对方式调查任务单

师：还记得我在课前发放的亲子关系应对方式调查吗？当时我先是让大家以匿名的方式写了一件近期与家人发生的冲突事件和当时你们的应对方式，以及在这件事发生后你们对自己与家人之间的亲密度的评估（上升、下降、保持一致）。然后，在课下又将大家写的任务单随机在班级中流转，其他同学在看到你写的冲突事件后，思考并写下自己遇到类似事件时的应对方式。现在我把任务单又发回到你们自己的手里，请大家认真看一看自己的任务单并在小组内交流，然后在全班分享。

生2：我写的是家人用言语刺激我这件事，我是用幽默的方式化解的。其他同学和我写的应对方式有一样的地方，但大部分是不一样的。有些同学写的是争吵、顶嘴、生闷气等，这样的方式会使亲子亲密度降低；而解释、澄清、协商等方式会提升亲密度。

师：你不仅注意到同样的冲突事件可以有不同的应对方式，还注意到有些应对方式会伤害亲人之间的感情，并且还给我们做了很好的示范——运用幽默的方式化解亲子冲突。

师总结： 研究表明，中学生应对亲子冲突的方式主要有三种：（1）把心中的不满、委屈、愤怒等爆发出来，采取对抗、顶牛、争吵等应对策略；（2）不想影响和破坏家庭和谐的关系和氛围，长久地压抑自己的感受，采取回避、退缩、妥协等应对策略；（3）创造性地化解矛盾，采取协商、合作或请第三者协调等应对策略。不难看出，采用创造性的冲突化解方式，效果是比较理想的。创造性的问题解决方式有两个特点：一是方法比较巧妙，不会扩大矛盾冲突；二是冲突化解后不仅不会降低亲子关系的亲密度，还能促进亲子沟通，增进亲子之间的亲密程度。

设计意图： 通过发放课前亲子关系应对方式的调查表及小组交流和分享等，让学生自己去发现同一个冲突事件可以有不同的应对方式，不同的应对方式对亲子关系亲密度的影响不同，从而启发学生尝试运用创造性的问题解决方式来化解亲子冲突。

七、注意事项：

1. 注意保护个人隐私和发言成员的个人感受。

2. 每一项环节过程中，都能够反映和投射出每个成员潜意识心理，因此，主持人要注意倾听，重点提问，深入挖掘，使成员进行自我启发。

第八章 手机成瘾工作坊

一、目的

1. 认识手机成瘾的危害。

2. 掌握控制手机使用频率的方法。

3. 树立自觉适度使用手机的意识。

二、活动时间

大约 40～60 分钟

三、活动方法

游戏体验、绘本教学、讨论分享

四、活动对象

初一年级学生

五、活动准备

教具、PPT 课件、辅助音视频、学习单、手机使用协议书

六、方案步骤：

一、团体暖身阶段：醒醒的邀请

师：欢迎大家来到心理课堂，请大家记住课堂公约：乐于分享和认真倾听。刚才，有一个天外来客发来短信，说想和我们进行一番友好沟通。现在，我们一起来看看短信的内容。

播放音频：亲爱的初一 x 班的同学们，你们好啊！我叫醒醒，是一只来自异界时空的喜欢玩手机的小老鼠，今天有缘遇见，想和你们交个朋友。这是我最喜欢的东西—手机。亲爱的朋友们，接下来先让我们一起玩个手机游戏吧！

保卫南瓜游戏规则：根据屏幕上的指令做动作，出现幽灵时做蹲下的动作，所有动作一直持续到下一个动作开始为止。

学生活动。

播放音频：哈哈！太棒啦！我亲爱的朋友们，你们真厉害。手机真是令人开心的发明啊！今天就先玩到这里啦，我们明天再见。

设计意图：用肢体游戏活跃气氛，让学生体验手机带来的快乐，引起学生的兴趣，将注意力迅速集中到课堂上；增强学生的代入感，引入主题。

二、团体转换阶段：跨时空的请求

（一）欣赏改编过的绘本《要是你给老鼠玩手机》

师：醒醒是一个天外来客，它和我们处于不同的时空，时间流速也不太一样。就在上一分钟，醒醒再次发来信息，我们一起看看他身上发生了什么事情。

播放视频：

亲爱的朋友们，很抱歉，明天我恐怕要失约了。虽然对于你们来说现在一天都还没有过去，但是在我们这个时空，时间已经过去了一周。在这一周的时间里，发生了一件让我很难过的事，遇到了很多问题，我不知该如何解决。

故事要从一个月前开始说起。那天，我的朋友有事情没办法陪我，于是把手机给我让我消遣，自那之后，我沉迷于手机无法自拔。前两天，朋友带我出去旅游，我在游玩的过程中一直低头看手机，给他惹出了很多麻烦：坐过山车时我没有系安全带，飞了出去；不小心打开了动物园的开关，所有动物都跑出来了；走路时我没有看路，掉到了一个大坑里面……朋友终于忍无可忍，和我大吵了一架，但是我并没有将这件事放在心上。直到后来，手机没电关机，我一直找不到充电器，不得已才放下手机抬起头来，才发现朋友已经不在我旁边了。

这时，周围的一切事物突然变得模糊起来。后来我去医院检查，医生说我一直玩手机没有及时休息，脑供血有些不足，近期看东西都会很模糊。听完医生的话，一阵疲惫、空虚感向我袭来，此时我才骤然意识到事情的严重性：我因为沉迷手机错过了很多美好的事情，丢失了很多珍贵的东西。此时此刻，我无比迫切地想要改变自己，但是又没有办法控制自己，今天特意来信请求你们的帮助。

（二）认识沉迷手机带来的负面影响

师：醒醒身上发生了什么事？这件事给它带来了哪些影响？

生1：醒醒一直沉迷手机，给朋友惹出了很多麻烦，最后失去了朋友。它的身体变差了，眼睛近视了。

师引导：醒醒沉迷手机时和外界的联系出现了怎样的变化？

生2：醒醒减少了和外界的联系，感到空虚。师小结：醒醒因为沉迷手机，不仅和朋友的交流减少了，还给朋友惹出了很多麻烦。在失去朋友后，他发现自己因为沉迷手机出现了假性近视、身体虚弱等问题。这些事情发生后，他感到很空虚，和真实的世界出现了短暂的断联。

设计意图： 通过绘本故事将学生沉迷手机的问题与个人分离开来，引导学生认识到沉迷手机带来的负面影响。

三、团体工作阶段：英雄齐聚出妙招

（一）角色代入

学生进行角色代入，分别从家人、朋友、老师和自身的角度思考，然后分组讨论：假如你是醒醒，可以请求身边的人做些什么，来帮助你控制玩手机的欲望？或者你会如何控制自己玩手机的欲望？

生3：让家人帮助我保管手机；和家人一起去散步，或者做一些其他的事情。

生4：让父母以身作则，不要当着我的面玩手机诱惑我。

生5：和朋友一起去做一些其他的事情，如踢足球、跑步等；让朋友帮忙监督自己玩手机的时间。

生6：和朋友比赛，看谁能先养成适度玩手机的习惯，输的人将受到惩罚。

生7：让老师在每周的班会课上播放一个过度玩手机会造成恶劣影响的视频。

生 8：让老师帮助自己分析成绩，设立学习目标，将注意力转到学习上去。

生 9：把手机锁起来；设置屏幕使用时间，到时间就自动关掉。

生 10：培养自己的兴趣爱好，做一些其他更有意义的事情。

（二）总结方法

联盟法：与家人、朋友、老师作约定，形成联盟，利用他人的监督帮助自己抑制玩手机的欲望，例如手机托管、约定玩手机的时长等。

替代活动法：和家人、朋友去外面活动或者做一些其他更有意义的事情，例如全家一起去散步、和朋友下棋聊天、让老师帮忙设立学习小目标等。

隔断法：远离手机的干扰，如设定手机屏幕使用时间、拔掉网线、只在固定的场所玩手机等。

成就奖励法：设立一个成就目标，当目标达成后奖励自己。例如，为自己的学习成绩、兴趣爱好设立成就目标，当成绩达到某个分数或者某方面的才能达到一定高度时，和朋友一起去看一场电影。

设计意图：引导学生构建人际支持系统，挖掘身边的资源，探究合理、适度使用手机的方法。

四、团体升华阶段:签署"手机使用协议书"

师:醒醒又来信了,让我们一起来看看。

播放视频:《手机,人类的主人》。播放完毕后,接入醒醒的语音。

亲爱的初一x班的同学们,自从用了你们给我的建议之后,我感觉自己使用手机的频率得到了有效控制,整个人已经恢复了从前的神采奕奕,和家人、朋友的关系也得到了修复。手机是一个伟大发明,它为我们的生活带来了各种便利,但它也存在着弊端,如果大家只沉迷于手机带给我们的快乐,就可能会失去很多宝贵的东西,迷失自己。

因此,今天我想邀请你们与我一同签下这份《手机使用协议书》,请找到你们可以信任、托付的人,在他们的见证下,以过去的我为戒,培养适度使用手机的好习惯。

师:老师手里已经拿到醒醒邮寄过来的《手机使用协议书》了,现在每人一张,让我们一起签下这份协议书。

手机使用协议书

本人＿＿＿＿＿＿立志合理使用手机,不做手机的"奴隶",不让手机占用过多的时间,以致影响到人际交往、身体健康和快乐生活。

接下来我将(此处填写接下来要如何监督自己合理使用手机,至少五点)＿＿＿＿＿＿＿＿＿＿＿＿＿＿

特邀请（见证人签名）_____ 见证我与手机共处的过程。

×年×月×日

邀请手机成瘾指数量表（MPAI）得分较高的学生展示已填写的"手机使用协议书"。

师总结：希望大家可以将课堂上所学方法运用到自己的日常生活当中，合理、适度地使用手机，真正地成为手机的掌控者，而不是手机的奴隶。

设计意图：用签署"手机使用协议书"活动将第三方视角落回到学生身上，在他人的见证下，促使学生养成合理使用手机的习惯，将在心理课中所学延伸到现实生活中。

活动反思

课前运用手机成瘾指数量表在班级中进行调查，并于课堂最后一个环节邀请得分较高的学生展示自己的《手机使用协议书》，在对教学效果进行检验的同时，也邀请更多的人一同见证他们与手机共处的过程，激发自控力比较弱的学生的潜能。

在实际教学当中，个别学生可能会将适度使用手机理解为禁止使用手机，或者在出妙招的环节提出砸手机的建议。

参考文献

[1] 刘建银.中小学生课业负担加重的社会——教育传导机制与治理路径[J].现代教育论丛,2024,(03):28-36.

[2] 何沛芸,卿灿.我国小学生考试焦虑状况、影响及其成因——基于SSES2019调查数据的分析[J].中国考试,2024,(06):90-99.

[3] 焦彦平,王娟.多学科视角下中小学生学业负担的成因及治理[J].教学与管理,2024,(09):40-44.

[4] 雷亮,刘军,欧阳前春.我国中小学生学业负担治理的历程回溯与困境突破[J].教育与教学研究,2023,37(09):77-92.

[5] 皇甫倩,朱莉萍,陈国君.基于潜在剖面分析的中学生考试焦虑类型及其影响因素[J].教育测量与评价,2023,(03):92-101.

[6] 杨灵芝,吕雨桧.中学生考试心理弹性的教育干

预研究[J].黑龙江教师发展学院学报,2023,42(05):154-156.

[7]黄春燕,周新奎.中小学生科学课程学习兴趣提升的问题及对策[J].教育观察,2023,12(14):25-31.

[8]周茹.中小学生压力反应及压力应对策略[J].大连教育学院学报,2023,39(01):44-46.

[9]杨青松.学业自我效能感对中学生考试焦虑的影响:链式中介效应及性别差异[J].中国临床心理学杂志,2022,30(02):414-420.

[10]王丽丽.家庭因素对中学生考试焦虑的影响[J].淮阴师范学院学报(自然科学版),2021,20(04):344-346.

[11]徐恩秀.正念教育对初三学生考试焦虑影响的实证研究——以厦门市某中学为例[J].集美大学学报(教育科学版),2021,22(02):14-19+25.

[12]顾征英.加强我省中小学生心理健康教育的几点建议[J].江苏政协,2021,(03):52-53.

[13]郭炳豪,孙健.8周正念训练降低高中生考试焦虑的实验研究[J].南宁师范大学学报(自然科学版),2019,36(04):148-154.

[14]韩爽,陈云,周璇梓,等.丰台区某校中学生考试焦虑心理健康状况及应对方式调查[J].临床心身疾病杂志,2019,25(06):40-44.

[15]马文华,姜涛,陈佳.浅析中学生考试焦虑以及干预策略[J].现代经济信息,2019,(17):431.

[16]龙景云.小学生考试焦虑现状调查分析及教育策略[J].教育导刊,2019,(07):50-54.

[17]于泽,马丽.心理训练在中学生体育考试中的应用[J].校园心理,2019,17(02):116-117.

[18]朱卫国.中小学生课业负担的理性思考[J].教育发展研究,2019,39(12):1-5.

[19]金同瑞.浅谈中小学生考试焦虑干预手段及应试对策思考[J].科教导刊(中旬刊),2018,(32):137-138+145.

第九章
教师职场减压工作坊

情绪管理：中小学生成长必修课

教师职场减压工作坊介绍：

一、工作坊概述

教师职场减压工作坊是一项专为教师群体设计的综合性培训活动，旨在通过一系列精心设计的环节，帮助教师们全面理解职场压力，学习并掌握有效的减压技巧，同时增强团队协作与沟通能力。这一工作坊不仅关注教师的个人心理健康，还致力于提升教师队伍的整体素质和职业幸福感。

二、开展的作用

1.提升压力管理能力。通过专业的心理学讲座和互动讨论，教师们能够深入了解压力的本质、来源及其对身体和心理健康的影响，从而学会科学合理地评估自己的压力水平，并采取有效措施进行管理和调节。

2.增强情绪管理能力。工作坊中教授的情绪管理技巧，如深呼吸、冥想、正念练习等，有助于教师们在日常工作和生活中更好地识别、接纳并调节自己的情绪，保持积极向上的心态。

3.优化时间管理。高效的时间管理策略分享，如四象限法则、番茄工作法等，能够帮助教师们合理规划工作与休息时间，提高工作效率，减少因时间管理不当而带来的压力。

4. 促进有效沟通。通过讲解有效沟通技巧和团队建设活动，教师们能够学会如何与学生、同事及家长进行更加顺畅和有效的沟通，减少误解和冲突，构建和谐的工作环境。

5. 增强团队凝聚力。团队建设活动和挑战不仅增强了教师之间的信任和合作，还促进了团队凝聚力的提升，为教师们在日常工作中相互支持、共同面对挑战提供了有力保障。

三、开展的意义

1. 保障教师身心健康。教师作为教育工作的核心力量，其身心健康直接影响到教学质量和学生的成长。通过职场减压工作坊，教师们能够学会科学减压，保持身心健康，从而更好地投入到教育工作中。

2. 提升教学质量。减轻教师的职场压力，有助于提高其工作积极性和创造力，进而提升教学质量和效果。当教师处于良好的身心状态时，他们更能够关注学生的需求，激发学生的学习兴趣和潜能。

3. 构建和谐校园文化。通过职场减压工作坊的开展，学校能够营造一个更加和谐、积极、向上的校园文化氛围。这种氛围不仅有利于教师的成长和发展，还能够感染和影响学生，促进他们的全面发展和健康成长。

4. 推动教育事业发展。教师职场减压工作坊的开展，是教育事业发展的一项重要举措。它关注教师的职业幸福感和心理健康，为教师队伍的稳定和发展提供了有力支持，从而推动整个教育事业的持续健康发展。

综上所述，教师职场减压工作坊的开展对于提升教师的压力管理能力、情绪管理能力、时间管理能力以及沟通能力具有重要意义，同时也有助于构建和谐校园文化、提升教学质量和推动教育事业的发展。

我们在教师职场减压工作坊方面所做的尝试：

我们成功组织并举办了一场针对教师职场减压的工作坊，旨在帮助教师们全面了解压力、学习有效的减压技巧，并增强团队协作与沟通能力。整个工作坊精心设计了多个环节，确保内容丰富、互动性强且实用有效。

1. 开场与破冰：我们以热情洋溢的欢迎致辞拉开了工作坊的序幕，随后通过自我介绍与分组、破冰游戏等环节，迅速打破了参与者之间的陌生感，营造了一个轻松愉快的交流氛围。

2. 压力认知与自我评估：我们邀请了心理学专家及资深教育工作

者，通过讲座形式深入讲解了压力的定义、来源、分类及其对身体和心理健康的影响。随后，通过分发压力评估问卷，引导教师们诚实地评估自己的压力状况，并在小组内分享评估结果，相互倾听和支持。

3. 情绪管理与时间管理技巧：我们教授了识别、接纳及调节情绪的有效方法，如深呼吸、冥想、正念练习等，并通过角色扮演、小组讨论等方式加深教师们的理解和应用。同时，我们还分享了高效时间管理策略，引导教师们制定个人时间管理计划，提高工作效率。

4. 沟通协作与团队建设：我们讲解了如何与学生、同事及家长进行有效沟通的技巧，并通过团队游戏和挑战活动，增强了教师们的团队凝聚力和合作精神。

5. 压力释放活动：通过组织瑜伽、冥想、绘画、音乐放松等多种压力释放活动，让教师们根据个人兴趣选择参与，享受身心放松的过程。

6. 总结与反馈：工作坊结束时，我们邀请了几位教师分享学习心得和收获，并收集了参与者的反馈意见，以便不断优化后续活动。

7. 制定个人行动计划：我们引导每位教师根据自身情况制定了未来减压行动计划，并鼓励他们付诸实践，分享进展和成果。

工作坊具体流程：

一、开场与破冰（约30分钟）

1. 欢迎致辞（5分钟）

主持人简短介绍工作坊的背景、目的、日程安排及重要性，表达对工作坊成功的期望和对参与者的欢迎。

2. 自我介绍与分组（10分钟）

（1）每位教师简短介绍自己的姓名、任教学科及期望从工作坊中获得的帮助。

（2）根据参与者的意愿或随机分配，将教师分成若干小组，每组约4～6人，以促进小组内的交流和合作。

3. 破冰游戏（15分钟）

组织一个简单的破冰游戏，如"名字接龙"、"快速问答"等，以打破参与者之间的陌生感，营造轻松愉快的氛围。

二、压力认知与自我评估（约60分钟）

1. 压力认知讲座（30分钟）

（1）邀请心理学专家或资深教育工作者，通过PPT、视频等形式，深入讲解压力的定义、来源、分类及其对身体和心理健康的影响。

(2)强调识别和管理压力的重要性,为后续的减压技巧学习奠定基础。

2. 自我压力水平评估(30分钟)

(1)分发压力评估问卷或量表,引导教师独立完成自我评估。

(2)鼓励教师诚实地评估自己的压力状况,识别主要压力源。

(3)小组内分享评估结果,相互倾听和支持。

三、情绪管理与时间管理技巧(约90分钟)

1. 情绪管理技巧(45分钟)

(1)教授识别、接纳及调节情绪的有效方法,如深呼吸、冥想、正念练习、积极自我对话等。

(2)通过角色扮演、小组讨论等方式,加深教师对情绪管理技巧的理解和应用。

2. 时间管理技巧(45分钟)

(1)分享高效时间管理策略,如四象限法则、番茄工作法、任务清单等。

(2)引导教师制定个人时间管理计划,合理规划工作与休息时间,提高工作效率。

（3）小组讨论并分享时间管理心得，相互学习和借鉴。

四、沟通协作与团队建设（约60分钟）

1.有效沟通技巧分享（30分钟）

（1）讲解如何与学生、同事及家长进行有效沟通，减少误解和冲突。

（2）提供实用的沟通技巧和话术，帮助教师在日常工作中更好地沟通。

2.团队建设活动（30分钟）

（1）组织团队游戏或挑战，如"接力拼图"、"盲人方阵"等，增强团队凝聚力和合作精神。

（2）通过游戏让教师体验团队合作的力量，学会在团队中寻求支持和帮助。

五、压力释放活动（约60分钟）

放松练习与体验：组织瑜伽、冥想、绘画、音乐放松或简单的身体运动等压力释放活动。

教师根据个人兴趣选择参与，在专业指导下进行放松练习，享受身心放松的过程。

强调在日常生活中也可以运用这些放松技巧来缓解压力。

六、总结与反馈（约 30 分钟）

1. 总结分享（15 分钟）

邀请几位教师分享在工作坊中的学习心得、收获和感悟。

组织者总结工作坊的亮点和成果，肯定教师的努力和进步。

2. 反馈收集（15 分钟）

分发反馈问卷或进行口头反馈收集，了解教师对工作坊的满意度、收获及改进建议。

强调反馈的重要性，承诺将根据反馈结果不断优化后续活动。

七、制定个人行动计划（约 30 分钟）

1. 引导每位教师根据自身情况制定未来减压行动计划，包括具体的目标、策略、时间表和预期成果。

2. 鼓励教师将行动计划付诸实践，并在后续跟进中分享进展和成果。

八、后续支持与资源

1. **建立支持网络**：鼓励教师之间建立联系，形成支持网络，相互分享减压经验和资源。

2. **提供资源链接**：提供心理健康、时间管理、情绪调节等方面的书籍、文章、在线课程等资源链接，供教师进一步学习和参考。

3. **定期回访与跟进**：对参与工作坊的教师进行定期回访和跟进，了解他们的减压进展和需要进一步支持的地方。

工作坊达到的效果：

通过本次教师职场减压工作坊的成功举办，教师们不仅全面了解了压力的本质和影响，还掌握了一系列实用的减压技巧和情绪管理方法。同时，通过团队合作和沟通协作的学习，教师们的团队凝聚力和合作精神得到了显著提升。此外，我们还建立了支持网络，提供了丰富的后续资源链接，确保教师们能够在日常生活中持续学习和应用所学内容。最终，教师们普遍表示对工作坊的满意度高，认为它有效地帮助自己缓解了职场压力，提升了工作满意度和幸福感。